U0272227

农民素质素养提升

培训手册

董建强　赵胜亭　牟晓卉　主编

中国农业科学技术出版社

图书在版编目(CIP)数据

农民素质素养提升培训手册／董建强，赵胜亭，牟晓卉主编 . --北京：中国农业科学技术出版社，2024.3
ISBN 978-7-5116-6728-1

Ⅰ.①农…　Ⅱ.①董…②赵…③牟…　Ⅲ.①农民-素质教育-中国-手册　Ⅳ.①D422.6-62

中国国家版本馆 CIP 数据核字(2024)第 057063 号

责任编辑	白姗姗
责任校对	马广洋
责任印制	姜义伟　王思文

出 版 者	中国农业科学技术出版社
	北京市中关村南大街 12 号　　邮编：100081
电　　话	(010) 82106638 (编辑室)　　(010) 82106624 (发行部)
	(010) 82109709 (读者服务部)
网　　址	https://castp.caas.cn
经 销 者	各地新华书店
印 刷 者	北京富泰印刷有限责任公司
开　　本	140 mm×203 mm　1/32
印　　张	5
字　　数	110 千字
版　　次	2024 年 3 月第 1 版　2024 年 3 月第 1 次印刷
定　　价	39.80 元

《农民素质素养提升培训手册》
编委会

前　　言

在新时代背景下，提升农民素质素养显得尤为重要。农民是国家的基石，是农业生产的主体，是乡村振兴战略的关键力量。提高农民素质素养，不仅有利于农民自身的全面发展，也有利于推动乡村振兴战略的实施，实现农业农村现代化。

农民素质素养与乡村振兴战略密切相关。乡村振兴战略的核心是实现农业农村现代化，而农民素质素养的提升是实现这一目标的关键。只有提高农民的科技素质、文化素质、道德素质和法治素质，才能更好地推动农业生产方式的转变，提高农业生产效率，实现农业现代化。同时，高素质的农民也是乡村治理的重要力量，能够有效地参与乡村治理，推动乡村社会的和谐稳定。

农民素质素养提升的标准应该是全面的，包括科技素质、文化素质、道德素质和法治素质4个方面。科技素质是指农民掌握和应用现代农业科技的能力；文化素质是指农民的文化知识和文化修养；道德素质是指农民的道德品质和道德行为；法治素质是指农民的法律知识和法律意识。

农民素质素养提升的方案应该是科学的，既要注重理论教育，也要注重实践训练。理论教育主要是通过课堂教学、网络教学等方式，传授农民科技知识、文化知识、道德知识和法律知识；实践训练主要是通过实地操作、模拟演练等方式，提高农民的实际操作能力和解决问题的能力。

当前，我国农民素质素养提升的现状还存在一些问题，如农民科技素质普遍较低、农村教育资源匮乏、农民法治意识较弱等。这些问题需要我们深入研究，制订有效的解决策略。

总的来说，提升农民素质素养是一项长期的、艰巨的任务，需要我们共同努力。我们相信，在党的领导下，通过全社会的共同努力，我们一定能够提高农民素质素养，推动乡村振兴战略的实施，实现农业农村现代化。

展望未来，我们期待看到农民素质素养的全面提升，看到乡村振兴战略的成功实施，看到农业农村现代化的美好景象。

最后，感谢所有为本书付出辛勤努力的作者，希望本书能够得到广大农民朋友的喜爱和支持。让我们携手共进，为实现上述目标而努力奋斗！

编　者

2024 年 1 月

目　　录

第一章　提升农民素质素养的重要性

随着社会的不断发展，农民素质素养的提升已成为一个不容忽视的重要议题。本章旨在帮助广大农民朋友了解农民素质素养提升的目标和意义，以及它对于社会主义现代化国家和乡村振兴战略的重要性。通过本章的学习，您将深入了解农民素质素养提升的相关知识，为提高自身素质和促进农村发展提供有益的参考。

第一节　农民素质素养提升的目标和意义

农业是国之根本，农村是国之重要，农民是国之基础。在新时代新征程中，我国农业面临着前所未有的机遇和挑战。一方面，我国已经成为世界上最大的农产品生产者和消费者，粮食连续 19 年丰收，农民收入持续增长，乡村振兴战略全面实施，农业现代化取得了历史性成就；另一方面，我国人均资源不足、底子薄、历史欠账较多，与发达国家相比，在农业生产效率、比较效益、国际竞争力等方面还存在较大差距，同时也面临着消费结构升级、生产成本攀升、资源环境承载能力趋紧等多重压力。

在这种形势下，如何保障粮食和重要农产品稳定安全供给？如何提高农业质量效益和竞争力？如何实现绿色发展和生态文明建设？如何促进城乡融合和共同富裕？这些都是摆在我们面前的迫切问题和重大课题。而解决这些问题的关键，在于加强农业科技创新，落实藏粮于地、藏粮于技战略，培养造就一支高素质的农民从业者队伍。

党的十九大报告创造性地率先提出实施乡村振兴战略，并提出了"坚持农业农村优先发展"和"产业兴旺、生态宜居、乡风文明、治理有效、生活富裕"的总要求，也明确了"产业振兴、人才振兴、文化振兴、生态振兴、组织振兴"五大目标，其中人才振兴是关键，近几年脱贫攻坚的实践已经证明人才的巨大作用，乡村振兴战略的实施，对高素质农民的培育要求十分迫切。《中国共产党农村工作条例》规定，坚持走中国特色社会主义乡村振兴道路，推进乡村产业振兴、人才振兴、文化振兴、生态振兴、组织振兴是党的农村工作必须遵循的原则之一；各级党委应当加强农村人才队伍建设，加强农业科技人才队伍和技术推广队伍建设，培养一支有文化、懂技术、善经营、会管理的高素质农民队伍，造就更多乡土人才。党的二十大报告强调，"统筹乡村基础设施和公共服务布局，建设宜居宜业和美乡村"。全面推进乡村振兴以来，各地各部门持续健全农村公共基础设施体系，不断优化农村基本公共服务供给，农民群众获得感、幸福感、安全感不断提升。但同时也要看到，我国农村基础设施和公共服务体系建设还存在短板弱项，与农民日益增长的美好生活需要还有差距。新时代新征程上，要坚持农业农村优先发展总方针，坚持城乡融合发展，扎实推动共同富裕，加快补齐农村基础设施和公共服务短板，打造各具特色的现代版"富春山居图"，让广大农民的日子越过越红火。其实，怎么保持和培育提升现有农民的素质素养，这是一个难题，政府已经出台了一系列政策措施，鼓励农民创业创新，培育新型职业农民，提高农民的就业能力和收入水平。

此外，政府还制定了一系列的乡村振兴战略规划，2018年9月，中共中央、国务院印发了《乡村振兴战略规划（2018—2022年）》，并发出通知，要求各地区各部门结合实际认真贯彻落实。在近几年的中央一号文件中，乡村振兴战略被具体化，旨在推动农村发展，实现城乡协调。一号文件中强调了乡村振兴的重要性，提出要加强农村基础设施建设，改善农村居民生活条件。同时，还提出了发展农村产业、推动农民增收致富的重要措施。在推动乡村振兴的过程中，一号文件还强调了加强农村文化建设的重要性。提出要弘扬农村优秀传统文化，推动农村文化产业的发展，从而促进农村旅游业的发展，提高农民收入。一号文件还提出要加强农村教育、医疗等方面的建设。提高农村居民的素质和水平，促进农村全面发展。

随着乡村振兴战略的提出，提升农民素质素养成了实现乡村发展的重要任务。农民素质素养提升的目标主要有以下方面。

一是农民价值观培养。面向高素质农民培育对象全面开设综合素质素养课程。重点突出习近平新时代中国特色社会主义思想、社会主义核心价值观，涉农法律法规、农业农村政策，农业绿色发展、农产品质量安全、农业防灾减灾，金融信贷保险，乡村规划建设、乡风文明、农耕文化等领域基础知识。

二是农业技能提升。农业技能是提升农民素质素养的重要内容之一，主要包括种植、养殖、加工、销售等领域的技能。提升农业技能的方法和建议包括加强农业技术培训、推广现代农业技术、促进农业产业化经营等。通过这些措施，使农民能够更好地掌握现代农业技术，提高农业生产效益，促进农业现代化发展。

三是农村文化建设。农村文化建设是提升农民素质素养的关键环节之一，当前农村文化存在文化设施不完善、文化活动形式单一等问题。因此，我们需要加强文化设施建设、丰富文化活动形式，如举办文化节、文艺演出等，同时加强对农村传统文化的保护和传承，如民间艺术、传统手工艺等。通过这些措施，营造良好的文化氛围，提高农民的文化素养和审美水平。

四是农民职业发展。农民职业发展是提升农民素质素养的重要方面之一，当前农民职业发展存在就业渠道狭窄、职业技能缺乏等问题。因此，我们需要通过职业技能培训、创业扶持等方式，拓展农民的就业渠道，提高其职业技能和创业能力。同时，完善农民社会保障制度，保障农民的合法权益，提高其职业安全感。

五是乡村治理参与。乡村治理参与是提升农民素质素养的重要途径之一。我们需要加强基层民主建设，完善村民自治制度，引导农民参与乡村治理。同时，加强对农村基层干部的培训和管理，提高其治理能力和服务水平。通过这些措施，培养农民的参与意识，使其成为乡村治理的重要力量。

六是生态环境保护。生态环境保护是提升农民素质素养的重要内容之一。我们需要加强对农民的环保教育，提高其环保意识和环保素养。同时，推广生态农业技术，减少农业对环境的污染和破坏。通过这些措施，培养农民的环保责任感和生态自觉性，实现农业可持续发展。

七是农业技术创新。农业技术创新是提升农民素质素养的重要驱动力之一。我们需要加强对农业技术创新的投入，推广先进的农业技术和装备，提高农业生产效率和质量。同时，完善农业科技推广体系，加强对农民的技术培训和服务。通过这些措施，提高农民的技术水平和创新能力，促进农业现代化发展。

八是农村创业支持。农村创业支持是提升农民素质素养的重要手段之一。我们需要制定扶持政策，如提供贷款支持、税收优惠等，鼓励农民创业创新。同时，加强对农村创业者的培训和教育，提高其创业能力和经营管理水平。通过这些措施，激发农民的创业热情和创造力，促进农村经济发展，提高农民收入。

提升农民素质素养是实现乡村振兴的关键所在。只有不断加强农业技能、农村文化、农民职业发展等方面的建设，才能实现乡村的全面发展和繁荣。

第二节　以习近平新时代中国特色
社会主义思想为指导

　　提升农民素质素养是实现乡村振兴战略的重要任务之一。习近平新时代中国特色社会主义思想作为当前中国发展的指导思想，强调以人民为中心的发展思想、全面建设社会主义现代化国家和全面深化改革的要求。因此，以习近平新时代中国特色社会主义思想为指导来提升农民素质素养是非常必要的。

　　首先，以人民为中心的发展思想要求我们把人民的利益放在首位，关注人民的需求和福祉。在提升农民素质素养的过程中，我们需要充分了解农民的需求和诉求，尊重其主体地位，激发其积极性和创造性。同时，我们还通过提升农民的素质素养，让其更好地适应现代社会的发展，增加农民的收入和改善农民的生活水平。

　　其次，全面建设社会主义现代化国家要求我们在提升农民素质素养方面注重现代化的要求。现代化是一个全面的过程，包括经济、政治、文化等多个方面。在提升农民素质素养的过程中，我们需要加强对农民的教育培训，提高其科学文化素质和职业技能水平，让其更好地适应现代化农业和农村发展的需要。同时，我们还需要注重培养农民的现代意识，使其更好地融入现代社会的发展进程中。

　　最后，全面深化改革的要求也为提升农民素质素养提供了契机。通过深化农村改革，完善农村教育、医疗、文化等公共服务体系，促进农村经济社会发展，为提升农民素质素养创造更好的条件。同时，我们还需要鼓励农民积极参与改革进程，使其成为改革的主体和受益者，进一步激发农民的积极性和创造力。

总之，以习近平新时代中国特色社会主义思想为指导来提升农民素质素养是非常必要的。这有助于我们更好地实现乡村振兴战略，推动农村现代化建设，实现全面建设社会主义现代化国家的目标。在实践中，我们需要注重农民的主体地位和福祉，加强教育培训和现代意识培养，深化农村改革和完善公共服务体系。只有这样，我们才能真正提升农民的素质素养，使其更好地适应现代社会的发展，为乡村振兴和现代化建设做出更大的贡献。

第三节　以社会主义核心价值观为引领

习近平同志在党的十九大报告中指出，社会主义核心价值观是当代中国精神的集中体现，凝结着全体人民共同的价值追求。而农民作为中国社会的重要组成部分，其素质素养的提升直接关系社会主义核心价值观的实现。因此，提升农民素质素养必须以社会主义核心价值观为引领。

首先，提升农民素质素养是践行社会主义核心价值观的必然要求。社会主义核心价值观强调公民的道德素质和文明素

养，倡导爱国、敬业、诚信、友善等价值准则。而农民作为公民的重要组成部分，其素质素养的提升有助于更好地践行社会主义核心价值观，推动全社会形成良好的道德风尚。

其次，提升农民素质素养有助于推动农村的精神文明建设。精神文明建设是乡村振兴战略的重要内容之一，它涵盖了文化、教育、卫生等多个方面。通过提升农民的素质素养，可以促进农村的文化传承和创新，提高农民的文化自信心和自豪感，推动农村的精神文明建设向更高水平发展。

再次，提升农民素质素养有助于增强农民的法治意识和权利意识。法治是社会主义核心价值观的基本内涵，它要求公民自觉遵守法律法规，维护社会秩序。通过教育和培训，可以帮助农民了解法律法规，明确自身的权利和义务，增强法治意识和权利意识，为农村的法治建设提供有力支持。

最后，提升农民素质素养有助于促进城乡协调发展。城乡协调发展是全面建设社会主义现代化国家的内在要求，也是实现共同富裕的重要途径。通过提升农民的素质素养，可以增强农民的就业创业能力，推动农村产业的转型升级，促进城乡之间的交流和互动，为实现城乡协调发展提供有力支撑。

提升农民素质素养不仅是乡村振兴战略的重要内容，更是社会主义核心价值观的总要求。各级政府和社会各界应该加强对农民的教育和培训，提高农民的素质素养，为实现中华民族伟大复兴的中国梦贡献力量。

第四节　提升农民素质素养是
乡村振兴战略的需要

中共中央、国务院提出实施乡村振兴战略，对发展、解决农村问题作出了进一步规划，明确了党管农村工作，坚持农业农村优先发展的原则。农村要发展、农民要增收、农业要振兴，离不开一支懂技术、爱农业、高素质的农民队伍，提升农民素质素养在乡村振兴战略中具有至关重要的作用。

一是增加农业经济效益。提升农民素质素养可以显著增加农业经济效益。具备较高素质的农民能够更好地掌握和应用现代农业技术，提高农业生产效率，降低生产成本，从而增加农业经济效益。同时，素质较高的农民还能够更好地参与农业产业化经营，拓展农业产业链条，提高农产品附加值，进一步增加农业经济效益。

二是提升农村社会治理水平。提升农民素质素养对于提升农村社会治理水平具有积极作用。具备较高素质的农民能够更好地了解和遵守国家法律法规和农村社会规范，增强社会责任感和公共意识。同时，素质较高的农民还能够更好地参与农村社会治理，提高农村社会的民主化和法治化水平，促进农村社会和谐稳定。

三是推动农村精神文明建设。提升农民素质素养对于推动农村精神文明建设具有重要作用。具备较高素质的农民能够更好地学习和接受先进的文化观念与思想观念，促进其思想进步。同时，素质较高的农民还能够更好地参与农村文化活动和文艺创作，丰富农村文化生活，增强农村文化氛围，推动农村精神文明建设。

四是增强农民的获得感和幸福感。提升农民素质素养可以显著增强农民的获得感和幸福感。具备较高素质的农民能够更好地适应市场需求和就业市场，提高就业能力和市场竞争力，从而增加收入，提高生活水平。同时，素质较高的农民还能够更好地参与公共事务和社会活动，提高社会地位和自我价值感，从而增强农民的获得感和幸福感。

五是促进农民全面发展。提升农民素质素养对于促进农民全面发展具有积极作用。具备较高素质的农民能够更好地适应市场需求和就业市场，提高就业能力和市场竞争力，从而增加收入，提高生活水平。同时，素质较高的农民还能够更好地参与公共事务和社会活动，提高社会地位和自我价值感，从而增强农民的获得感和幸福感。

六是推进城乡一体化发展。提升农民素质素养对于推进城乡一体化发展具有重要作用。具备较高素质的农民能够更好地适应城市化发展的要求，融入城市生活和城市社会，从而促进城乡一体化发展。同时，素质较高的农民还能够更好地学习和接受先进的文化观念，促进城乡文化交流和融合，推动城乡一体化发展。

七是提高农村生态环保意识。提升农民素质素养对于提高农村生态环保意识具有积极作用。具备较高素质的农民能够更好地了解和重视生态环境问题，提高环保意识和环保素养。同时，素质较高的农民还能够更好地参与农村生态环境保护活动，推广绿色生产方式和低碳生活方式，促进农村可持续发展。

提升农民素质素养是实现乡村振兴战略的必经之路，对于增加农业经济效益、提升农村社会治理水平、推动农村精神文明建设、增强农民的获得感和幸福感、促进农民全面发展、推进城乡一体化发展、提高农村生态环保意识等方面都具有重要作用。因此，我们必须高度重视农民素质素养的提升，加强教育培训、文化宣传和社会支持等措施，为乡村振兴战略的实施提供有力支撑。

【想一想】

1. 为什么说农民素质素养提升是社会主义现代化国家的需要？

2. 为什么说提升农民素质素养是乡村振兴战略的需要？

第二章　农民素质素养概论

党的二十大对新时代新征程全面推进乡村振兴作出了总体部署。2022 年中央农村工作会议和 2023 年中央一号文件对全面推进乡村振兴的重点任务作出具体部署。习近平总书记在 2022 年中央农村工作会议上强调，全面推进乡村振兴是新时代建设农业强国的重要任务，要全面推进产业、人才、文化、生态、组织"五个振兴"。这为新时代新征程全面推进乡村振兴，提出了重点任务和根本要求，指明了方向。

产业振兴是乡村全面振兴的基础和关键。乡村振兴是包括产业振兴、人才振兴、文化振兴、生态振兴、组织振兴的全面振兴，随着乡村振兴战略持续推进，越来越多的"新农人"，用汗水和努力浇灌这片生机勃勃的土地，为乡村振兴贡献力量。

建设什么样的乡村，怎样建设乡村，是一个历史性的课题，建设现代化社会主义国家，任何时候都不能忽视农业、忘记农民、淡漠农村。乡村振兴强调产业兴旺、生活富裕。振兴，必须"振人"！

农村不是由一栋栋房子组成，而是由一户户人家组成，要想振兴乡村，人才是关键。聚天下英才而用之，"聚"是起点而非终点，是手段而非目的，关键在于要让人才定下心、扎下根、留得住。

实施乡村振兴战略，必须打破人才瓶颈，加快推进乡村人才振兴，培养造就一支懂农业、爱农村、爱农民的"三农"工作队伍，是基层实践的迫切需要。

乡村人才振兴，全面推进乡村振兴才有底气，实行积极有效的高素质农民培育政策，选好人才、育好人才、用好人才，为全面推进乡村振兴提供坚实的人才支撑。

第一节　农民素质素养的定义

要想提升农民素质素养，首先让我们搞清楚什么是素质？什么是素养？

素质是一个人在先天禀赋的基础上，通过环境和教育的影响而形成的较为稳定的素养和品质。它包括思想道德素质、科学文化素质、专业素质、身体心理素质等多个方面，是决定一个人未来发展水平和方向的重要因素。素质的提升需要不断的学习、实践和积累，通过不断地自我完善和提高，才能不断提高自己的素质水平。

素养是指一个人在特定领域中，通过学习和实践所获得的技能、知识和态度等方面的综合体现。它是人在特定情境中综合运用知识、技能和态度解决问题的高级能力与人性能力。素养通常包括专业技能、人际交往、团队合作、领导能力、创新能力等多个方面，是决定一个人在特定领域中能否取得成功的重要因素。素养的形成需要长期的积累和实践，需要不断自我完善和提高，才能不断提高自己的素养水平。

素养和素质在含义上有些相似，但也有一些区别。一般来说，"素质"强调一个人的基本品质和特质，而"素养"则更强调的是一个人在特定领域或情境中所表现出的品质和行为。在"农民素质素养提升"这个主题下，素养的提升可能更加侧重农业技能、知识，以及与农业相关的技术和创新，而素质的提升可能涉及农民的基本教育、个人发展、生活技能等方面。

农民素质素养是指农民在文化、科技、经营管理、思想道德、身体素质、法律素质、创业创新素质和社会公共素质等方面的素质和素养。随着社会的发展，农民素质素养问题越来越受到人们的关注。农民作为社会的重要组成部分，其素质的高低直接关系农村的发展和整个社会的进步。因此，提高农民素质素养，已成为当务之急。

那么，新时代背景下，我国的高素质农民应该具备哪些素质素养呢？

首先，农民应该具备基本的文化知识和技能。由于历史和现实的原因，很多农民接受的教育程度有限，文化知识水平相对较低。因此，农民应该积极参加各类文化知识和技能培训，学习农业科技知识，提高农业生产技能和管理水平。同时，政府和社会各界也应该加强对农民的教育和培训，完善农民职业教育体系，让农民有更多的机会接受高质量的教育和培训。

其次，农民应该具备良好的道德品质和公民意识。农民应该遵守法律法规，注重社会公德、职业道德和家庭美德，树立正确的价值观念，尊重劳动、尊重知识、尊重人才、尊重创造。同时，农民还应该具备环保意识，注重保护生态环境，推动农村可持续发展。

再次，农民应该具备创新精神和创业意识。随着社会的发展，传统农业已经不能满足人们日益增长的需求，现代农业正在逐渐兴起。农民应该积极适应这一变化，学习新知识、掌握新技能、开创新领域，推动农业现代化发展。同时，农民还应该具备创业意识，勇于探索和创新，拓展农业产业链条，增加农民收入来源。

最后，农民素质素养还体现在自我发展能力。自我发展能力是农民在个人发展中必备的素质素养，包括学习能力、思考能力等方面的能力。农民需要具备这些能力，才能不断提高自己的素质素养，实现自我发展和成长。提高自我发展能力的方法包括学习新知识、反思和总结经验教训等。

本节将从农业生产技能、农村电子商务、农业经营管理、乡村生态环境保护意识、乡村文化传承与发扬、创新创业能力和农产品品牌建设等方面详细阐述提升农民素质素养的途径和方案。

一、农业生产技能

农业生产技能是农民适应市场经济发展和竞争的关键。包括农业种植、养殖、农产品加工等技能，要求农民具备扎实的现代农业知识，掌握农作物生长规律、动物养殖技术、农产品加工及贮藏技术等。提高农业生产技能，有助于提高农产品产量和质量，为农业产业的升级和转型奠定基础。

二、农村电子商务

农村电子商务是拓展农产品销售渠道、提高附加值和竞争力的重要手段。农民应掌握互联网、大数据、云计算等现代信息技术，利用电子商务平台进行农产品营销、农村旅游推广等活动。发展农村电子商务，可以推动农业产业升级，带动农民增收致富。

三、农业经营管理

农业经营管理是提高农业生产效率和市场竞争力的必要手段。农民应学习现代农业经营管理知识，合理利用资源，制订营销策略，管理好家庭农场、农民合作社等农业经济组织。通过农业产业化和规模经营，降低生产成本，提高产出效益，增强农产品市场竞争力。

四、乡村生态环境保护意识

乡村生态环境是农民生存和发展的基础，提高生态环境保护意识是实现乡村振兴的必要条件。农民应关注农村环境污染问题，合理使用化肥农药，推广绿色种养技术，积极参与生态保护和环境治理活动。加强生态环境保护，有利于推动农村绿色发展，保障农民生活质量和健康。

五、乡村文化传承与发扬

乡村文化是乡村文明的灵魂，传承和发扬乡村文化对于保持农村社会稳定和可持续发展具有重要意义。农民应关注乡村文化的传承与创新，弘扬优秀传统文化，推动民间艺术传承与发展。同时，要重视乡土文化的教育普及，提高农民文化素养，加强农村精神文明建设。

六、创新创业能力

创新创业能力是乡村振兴的动力源泉，培养农民创新创业能力有助于提高农村内生动力和自我发展能力。农民应具备创新思维和创业意识，勇于尝试新事物，学习新技术和新模式，积极发展乡村旅游、民宿经济、特色小镇等新型业态。此外，要注重培养"农创客"和乡村企业家，鼓励农民创新创业，推动农业产业链的完善与升级。

七、农产品品牌建设

农产品品牌建设是提高产品附加值和市场竞争力、推动农业农村现代化的重要手段。农民应重视农产品品牌建设，提高品牌意识，加强产品质量控制，推动农产品标准化和规模化生产。通过农产品品牌建设，提升产品形象和知名度，进一步拓展市场，增加收益。

第二节　提升农民素质素养对于农村发展的影响

近年来，随着我国大力发展现代化农业，农业生产也逐渐实现了规模化经营。随着农业生产的专业化和规模化发展，农业产业与第二、第三产业的融合趋势不断深入，借此催生了不少新兴产业。基于这种大环境下，大力培育一批高素质农民队伍，大力依托科技进步和产业进步的现代化农业，为推进乡村振兴战略提供源源不断的动力。而与之相矛盾的是，当前我国农业从业者老龄化趋势明显，因此要想大力推进现代化农业发展，就必须培养一批综合水质过硬的新型农民队伍，以应对这场农业改革。

首先，提升农民素质素养可以增强农村发展的动力。农民是农村发展的主体，他们的素质提升可以直接提高农业生产效率和质量，推动农业现代化发展。同时，具备较高素质的农民也能够更好地融入乡村振兴发展中，积极参与乡村建设，为农村发展贡献力量。农民素质素养的提升有助于提高农业生产效率。通过学习和掌握现代农业生产技术，农民能够更好地适应市场需求，提高农产品产量和质量。例如，农民了解土壤改良技术、水肥一体化技术等现代化生产技术，能够显著提高生产效率。此外，高素质的农民也更容易融入产业链条，通过合作经济等组织形式实现规模效应，提高收入水平。高素质的农民更能够敏锐地洞察市场需求和变化，调整农业生产结构，适应市场需要。此外，他们还可能开辟新的销售渠道和国际市场，为农村经济发展注入新的活力。

其次，提升农民素质素养可以促进农村经济的快速发展和农业转型升级。随着农民素质的提升，农业产业结构可以得到优化，农产品质量和附加值可以提高，进而拓展农业产业链条，增加农民收入来源和收入水平。现代农业已经不再是单一的种植业和养殖业，而是向多元化、高附加值方向发展。高素质的农民更容易接受新的农业经营理念和模式，如生态农业、休闲农业等，从而推动农村经济的多元化发展。同时，具备较高素质的农民也能够更好地适应非农产业的发展，积极参与乡村旅游、农村电商等新兴产业，推动农村经济的多元化发展。

再次，提升农民素质素养可以推动农村社会的和谐稳定和可持续发展。农民素质的提升可以改善农民的精神面貌，增强农村社会的凝聚力和向心力。同时，具备较高素质的农民也能够更好地了解和遵守社会规范，增强社会责任感和公共意识，

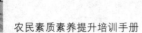

促进农村社会的和谐稳定和全面发展。农民了解环保政策和知识，能够减少农业生产对环境的污染，保护土地和水资源。农民掌握科学施肥技术，能够减少化肥的使用量，降低对土壤和水体的污染。农民掌握先进的食品加工技术和质量检测技术，能够生产出更安全、健康的农产品。这不仅有利于保障人民群众的食品安全，还能够提高农产品的品牌形象，增加附加值，推进农业可持续发展。

最后，提升农民素质素养可以增加农民的获得感和幸福感。农民素质的提升可以增加他们的就业机会和收入来源，提高他们的生活水平。同时，具备较高素质的农民也能够更好地融入城市生活和社会，增加他们的社会地位和自我价值感，从而增强他们的获得感和幸福感。随着农业生产效率和农产品质量的提高，农产品的附加值和市场竞争力也会增强。农村地区的文化水平和公共服务水平也能够得到提升。高素质的农民更容易接受和参与现代社会发展和变革，为农村社会的发展做出贡献。农民了解国家政策、法律法规以及民主管理知识，能够更好地参与农村治理和民主管理。这不仅能够提高农村治理能力和管理水平，还能够促进农村社会的稳定和发展。

总之，农民素质素养的提升对农村农业发展具有深远的影响。只有通过加强农民素质教育、完善农民培训体系、优化教育资源配置等措施，才能够不断提升农民素质素养水平，为乡村振兴战略的实施提供有力支撑。从提高农业生产效率到促进农业转型升级，从提升农产品质量到拓展农业市场，从优化农村环境到增加农民收入，从推动农村社会进步到增强农村治理能力，都需要农民具备相应的素质和能力。因此，加强农民教育和培训，提高农民素质素养，是实现农业农村现代化和可持续发展的关键所在。

第三节　国内外农民素质素养比较

在农业发展和农村建设中，农民的素质素养起着至关重要的作用。通过调研国内外农民素质素养状况，国内外农民在素质素养方面存在一定的差异，这些差异主要表现在教育程度与培训、科技应用能力、经营管理能力、市场经济意识、环保与可持续发展观念和农业文化传承等方面。

一是教育程度与培训的差异。国内农民的教育程度普遍较低，受教育程度主要集中在初中和高中阶段。近年来，随着国家对农村教育的重视和投入增加，越来越多的农民开始接受高等教育。在培训方面，国内农民参加的培训大多数是由政府组织的各种农业技术培训，以提高农民的专业技能和素质。相比之下，国外农民的教育程度普遍较高，大多数农民都接受过高等教育。同时，他们参加的培训也不仅局限于农业技术，还包括农业管理、市场营销等课程。这些培训帮助农民更好地掌握现代农业生产的各个环节。

国内农民在长期的农业生产中，通过精耕细作，对于传统的农业知识和技术有更深入的了解和掌握，更熟悉各种农作物的生长规律和特点。而国外农民则更注重于通过科学实验和数据分析来指导农业生产，对于现代农业技术的掌握和应用更加广泛。

二是科技应用能力的差异。未来农业技术的发展趋势将是以科技为支撑，提高农业生产效率、产品质量和竞争力。国外农民在科技应用能力方面表现得更为突出。他们普遍具备较高的技术素养，善于使用现代农业机械和设备，提高农业生产效率。而国内农民在科技应用方面相对较弱，对于现代化农业技术的掌握程度不尽如人意。国内农民在农业技术方面相较于国外农民较为落后。虽然近年来国内农业技术得到了快速发展，但是在技术转化和应用方面仍然存在不足。国外农民则更注重技术创新和科学化生产。他们利用先进的农业技术和机械提高生产效率，并且注重环保和可持续发展。

三是经营管理能力的差异。国内农民的经营管理水平相对较低，大多数仍然采用传统的家庭作坊式管理，缺乏现代化的经营理念和手段。此外，他们在市场分析和预测方面的能力也较弱，容易受到市场波动的影响。国外农民在经营管理能力方面具有较高的水平，经营管理能力相对较强。他们对于农业企业的运营管理、财务管理和市场营销等方面有更深入的了解和掌握。他们注重市场调查和分析，制订科学的经营计划，并且善于利用各种资源进行优化配置。未来需要加强国内农民的经营管理能力培训，提高他们的市场意识和风险管理水平。

四是市场经济意识的差异。国外农民的市场经济意识相对较强。他们对于市场需求、价格趋势和市场竞争等方面的了解更加深入，能够更好地根据市场需求进行生产调整。而国内农民的市场经济意识相对较弱，对于市场的分析和判断能力有待提高。

五是环保与可持续发展观念的差异。国外发达国家农民在环保和可持续发展观念方面表现得更为突出。他们在农业生产过程中注重环保和可持续发展，努力实现农业生产与生态环境保护的有机结合，更加注重对环境的保护和资源的可持续利用，努力实现农业的绿色发展。而国内农民在这方面的意识和行动相对欠缺，虽然近年来国内对环境保护的重视程度不断提高，但是农民的环保意识和行为还需要进一步加强。未来需要进一步加强环保和可持续发展的宣传和教育，加强国内农民的生态环境意识培养，推动绿色生产方式的发展，实现农业可持续发展。

六是农业文化传承的差异。国内农业文化传承相较于国外来说丰富多彩。中国有着悠久的农业历史和灿烂的农业文化，这些传统文化世代相传，对农民的行为和思维方式产生了深远的影响。相比之下，国外的农业文化传承相对较弱。未来需要在保护和传承本国农业文化的基础上，不断吸收和融合其他国家和民族的农业文化元素，加强与世界各地的农业文化交流与融合，推动世界农业文化的繁荣发展。

为了进一步提高我国农民的素质素养，我们需要对农业知识培训、科技应用能力、经营管理能力的培训、市场经济意识、环保与可持续发展观念以及文化素质和道德修养等方面持续发力。只有不断提升农民的素质素养，才能更好地促进农业的发展和农村的繁荣。

【想一想】

1. 为什么说人才振兴是乡村振兴的重中之重？

2. 农民素质素养包括哪些内容？

3. 提升农民素质素养对推进乡村振兴战略实施有何意义？

4. 国内外农民在素质素养方面存在哪些差异？

第三章　农民素质素养提升标准

2023 年 1 月 2 日，中央一号文件《中共中央　国务院关于做好 2023 年全面推进乡村振兴重点工作的意见》发布。中央一号文件指出，党的二十大擘画了以中国式现代化全面推进中华民族伟大复兴的宏伟蓝图。全面建设社会主义现代化国家，最艰巨、最繁重的任务仍然在农村。世界百年未有之大变局加速演进，我国发展进入战略机遇和风险挑战并存、不确定难预料因素增多的时期，守好"三农"基本盘至关重要、不容有失。党中央认为，必须坚持不懈把解决好"三农"问题作为全党工作重中之重，举全党全社会之力全面推进乡村振兴，加快农业农村现代化。

随后，农业农村部发布《关于做好 2023 年高素质农民培育工作的通知》，总体思路是以习近平新时代中国特色社会主义思想为指导，完整、准确、全面贯彻新发展理念，加快构建新发展格局，着力推动高质量发展，锚定加快建设农业强国对强化乡村人才支撑的要求，坚持需求导向、产业主线、分层实施、全程培育，坚持生产技术技能、产业发展能力、农民素质素养协同提升，为全面推进乡村振兴、加快建设农业强国提供坚实人才保障。明确提出要面向高素质农民培育对象全面开设综合素质素养课程。培训内容突出习近平新时代中国特色社会主义思想、社会主义核心价值观，涉农法律法规、农业农村政策，农业绿色发展、农产品质量安全、农业防灾减灾，金融信贷保险，乡村规划建设、乡风文明、农耕文化等领域基础知识。农业农村部农民科技教育培训中心制定综合素养课程体系，各级高素质农民培育主管部门审核把关本级综合素养类教材，优先选用农业农村部"十四五"规划教材。支持农民提升学历层次，依托职业院校、农业广播电视学校探索实施高素质农民培育与职业教育贯通衔接，有条件的地方可以探索建立农民学分银行。注重培养青年高素质农民和高素质女农民。注重高素质农民培育与农业农村科普工作协同开展。各地纷纷响应中央精神，推出高素质农民培育工作具体细则和实施方案，通过培训有效提高了农民素质素养，激发了培训工作新的"增长点"，为培育一支"有文化、懂技术、善经营、会管理"的高素质农民队伍，推动乡村振兴不断注入新的活力。

第一节　思想道德素质：培养正确
价值观，提高道德素养

乡村振兴，文化先行。这意味着在推动乡村发展的过程中，文化是重要的驱动力和先导。乡村文化不仅可以激发乡村的内生动力，还可以提升乡村的吸引力和凝聚力。乡村文化振兴的主体是农民，他们是乡村文化的主要传承者和创造者，他们的思想和行为对乡村文化有着直接的影响。农民的思想道德素质决定了乡村文化的质量和走向。如果农民的思想道德素质得到提高，那么乡村文化的振兴就会更加顺利，乡村振兴战略的目标也就更容易实现。

改革开放以来，广大农村物质文明和精神文明建设健康有序发展，农民思想道德素质整体向好，但仍然受到一些因素的影响，出现了一些新的问题，这些问题如果得不到解决，就会影响乡村文化的进一步振兴和乡村振兴战略的实施效果。要协同各方面的力量，从多个方面入手，整体联动，将提升农民思想道德素质作为一个系统工程来推进。

为了更好地推进农村精神文明建设，促进农村社会的全面进步，农民思想道德素质提升涵盖了多个方面，包括勤劳敬业、尊重他人、诚实守信、孝敬父母、善良朴实、节约粮食、环保意识、公共秩序、民族团结等方面，旨在全面提升农民的思想道德素质水平，推进农村精神文明建设。同时国家出台相应的政策和措施来鼓励农民参与各种形式的培训及教育活动，提高他们的文化水平和综合素质；加强社会公德、职业道德和个人品德建设，树立正确的劳动观念等，为农村发展和社会进步做出积极贡献。

一、勤劳敬业，热爱劳动

要树立正确的劳动观念，充分认识劳动的价值和意义，自

觉自愿地投入农业生产和其他劳动中。同时，要注重提高劳动技能和素质，不断提高自己的劳动效率和水平。

二、尊重他人，团结互助

要尊重他人的权利和尊严，不侵犯他人的利益。同时，要发扬团结互助的精神，互相帮助、互相支持，共同促进农村社会的和谐稳定。

三、诚实守信，信誉至上

要做到言行一致，诚实守信，不欺骗他人。同时，要注重保护自己的信誉，树立良好的个人形象和社会形象。

四、孝敬父母，尊敬长辈

要孝敬父母，关心他们的生活和健康状况。同时，要尊敬长辈，虚心听取他们的意见和建议。

五、善良朴实，排忧解难

要对他人充满善意和关心，尽力帮助那些需要帮助的人。同时，要保持朴实的品质，不虚荣、不浮华。

六、节约粮食，勤俭持家

要树立节约意识，减少不必要的开支和浪费。同时，要勤俭持家，精打细算。

七、环保意识，生态文明

要具备环保意识，积极参与农村环境保护工作。同时，要树立生态文明观念，倡导绿色生产方式和生活方式。

八、公共秩序，遵守法律

要遵守公共秩序和法律法规，不违法乱纪。同时，要积极参与社会公益事业，维护公共利益。

九、民族团结，国家利益

要树立民族团结意识，自觉维护国家的统一和稳定。同时，要注重国家利益高于一切，积极参与到国家建设和发展中去。

第二节　身心健康素质：养成健康生活方式，提升身心素养

随着社会的进步和生活水平的提高，人们对个人身心健康问题日益关注。同样，农民的健康与生产生活息息相关，提升农民身心健康素质不仅关系农民个人的健康状况和生活质量，还对整个农村地区的现代化建设和乡村振兴具有积极的推动作

用。然而，由于种种原因，我国农民的健康素养还有待提高，面临着诸多健康问题，这无疑对他们的生产生活造成了影响。因此，提高农民的健康素养迫在眉睫，具有深远的意义。

一、农村地区的健康问题

一是饮食结构不够科学。农民的饮食习惯中，高油、高盐、高脂肪、高糖等食物占据主导地位，这样的饮食结构可能导致身体缺乏必要的营养成分，如蛋白质和维生素。长期缺乏这些营养素会增加患慢性疾病的风险，如心血管疾病、糖尿病等。

二是生活环境较差。在农村地区，环境卫生条件可能相对较差，污水和垃圾处理可能不够妥善，这不仅可能导致传染病的暴发，还可能引发环境污染问题。

三是健康认识程度不足。农民对自身健康的认识程度可能不足，缺乏必要的健康饮食和生活习惯的教育和指导。这可能导致他们容易患上某些急性或慢性疾病。

因此农村地区的健康问题需要得到更多的关注和重视，通过改善饮食习惯、优化生活环境、提高健康认识程度等措施，可以改善农村地区的健康状况，为农村经济发展提供坚实的支撑。

二、农民身心健康素质提升标准

1. 合理营养摄取

合理营养摄取对于农民的身体健康至关重要。农民在日常饮食中应该注重摄入足够的蛋白质、脂肪、碳水化合物、维生素和矿物质，以保证身体各器官的正常生理功能。具体而言，农民应该食用高质量的蛋白质，如鱼、肉、蛋和豆类；适量的摄取脂肪，以提供能量和维生素；足够的碳水化合物，以提供能量和维持正常血糖水平；多种蔬菜和水果，以提供维生素和矿物质。

2. 科学锻炼身体

科学锻炼身体对于提高农民的身体素质非常重要。农民应该根据自身情况，进行适量的有氧运动和力量训练。有氧运动（如慢跑、快走、游泳等）可以提高心肺功能和代谢水平，而力量训练（如举重、俯卧撑等）可以增强肌肉力量和耐力。此外，农民还应该注意运动的适量和适度，避免运动过量导致身体损伤。

3. 保持良好心态

保持良好的心态对于农民的身心健康至关重要。农民应该学会调节自己的情绪，如通过冥想、呼吸练习、放松训练等方式来缓解压力和紧张情绪。此外，农民还应该积极参加社交活动，与亲朋好友交流沟通，分享生活中的压力和困难，以获得情感支持和帮助。

4. 养成健康行为习惯

养成健康行为习惯对于提高农民的健康水平十分重要。农民应该保持良好的作息规律，保证充足的睡眠和休息，避免过度疲劳和熬夜。此外，农民还应该戒烟限酒，避免接触毒品和

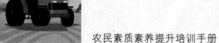

其他有害物质。同时，应养成良好的卫生习惯，如勤洗手、保清洁、常刷牙等，以降低患病风险。

5. 保障安全环境

安全环境保障对于农民的生命财产安全至关重要。农民应该加强安全意识教育，了解并遵守相关安全规定和操作规程。针对常见的安全隐患，如农机操作、农药使用、用电等，农民应该接受专业培训和指导，掌握正确的操作方法。同时，政府应加大农村安全设施的投入，完善应急救援体系，以便在突发事件发生时能够及时、有效地进行处置。

6. 普及健康知识

普及健康知识对于提高农民的健康意识和预防疾病具有重要意义。政府和基层组织应加强对农民的健康知识宣传与教育，例如常见病的预防、康复护理、心理健康等方面的知识。通过定期举办健康讲座、发放宣传资料、开展义诊等形式，将健康知识传递给广大农民群众，帮助他们提高自我保健意识和能力。

及时就医对于保障农民的健康至关重要。农民应该了解并重视自己的身体健康状况，及时发现并就医治疗各种疾病。针对一些常见病，如感冒、咳嗽、腹泻等，农民应该了解其症状和治疗方法，以便在患病时能够进行正确的自我诊断和管理。同时，政府应加大对农村医疗资源的投入，提高基层医疗水平，为农民提供更加便捷和优质的医疗服务。

综上所述，提高农民身心健康素质对于农村的发展和社会的稳定具有重要意义。通过合理营养摄取、科学锻炼身体、保持良好心态、养成健康行为习惯、保障安全环境、普及健康知识、提高社会适应能力以及及时就医等方面的努力，我们可以推动农民身心健康素质的提升，为农业现代化发展和社会和谐稳定做出积极的贡献。

第三节　科技文化素质：提高农民生产水平，增强科技素养

我国农村社会经济发展受到多方面因素的制约，其中最根本的问题是低端劳动力资源丰富而高端人才资源缺乏。截至2021年，农村劳动力人口的平均受教育年限为9.2年；高中及以上受教育程度人口占比为22.4%；大专及以上受教育程度人口占比为5.8%。这表明农民的文化素质普遍较低，掌握应用农业科技的能力较差，这也是农业现代化进程缓慢的原因之一。

在现有的教育体制下，农村通过考试筛选上去的高级人才进了城，而农村人力资本水平不高，年龄整体偏大，教育水平整体偏低，尤其是务农劳动力队伍素质不高，结构不优，地区差异明显。我国低素质的劳动力绝大多数留在农村，形成农村庞大的劳动力市场，供过于求的现状将长期存在。这是我国农村社会经济发展在资源层面需要解决的一个根本性问题，也是我国农村将长期面对的人才资源的基本态势。

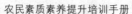

缺乏热爱并了解农村、农民和农业的高级专门人才是制约我国农村经济发展的主要因素之一。在现有的农村教育条件下，农村为城市培养了离开农村、农民和农业的人才，而疏于培养"基于农村、为了农村"的人才，导致农村人才匮乏。农村劳动力文化素质低下，农村科技人员极其短缺，致使绝大部分适合于农村应用的科学技术成果在农村推广不了，农村经济发展模式仍然属于粗放型。另外，多年来的传统教育和传统思想，使现有的高等教育培养出来的高级农村人才，也不愿意回农村，这就形成了恶性循环。农业生产力水平低、农产品质量上不了档次、经济附加值不高、农民增收、农业增效困难等问题也普遍存在。

一、农民科技文化素质内涵

农民科技文化素质是指农民所具备的科学、技术、文化、生态环境和创新创造等方面的综合素质，是实现农业现代化和农村发展的关键因素。主要包括科学素养、技术技能、文化素质、生态环境意识和科技创新创造能力等方面的素质。

科学素养是指农民应该具备的基本科学知识和理解能力，包括对现代农业科技的认知和理解，对生态环境的基本认识，以及对现代乡村社会的发展趋势的适应能力。农民需要了解自然规律和科学知识，掌握现代农业技术和方法，以更好地利用资源、提高产量、改善品质，同时保护生态环境。

技术技能是指农民应该具备的农业生产、加工和经营等方面的技能。这包括如何使用现代农业生产工具和仪器，如何配合和应用现代农业科技知识，以及如何提高农业生产效率等方面。农民需要不断学习和掌握新的技术，提高自己的技术水平，以适应不断变化的市场需求。

文化素质是指农民应该具备的文化水平和素质，包括如何传承乡村文化，如何掌握当地民俗风情和弘扬传统文化，以及如何参与和融入当地社会等方面。农民需要了解和尊重当地的文化传统，同时也要具备现代社会的意识和素质，如法治观念、社会责任等。

生态环境意识是指农民应该具备的环保意识，包括如何保护当地自然环境和生物多样性，如何减少农业生产对环境的影响，以及如何应对一些基本的生态环境问题等方面。农民需要认识生态环境的重要性，采取合理的措施和方法来保护环境，实现农业的可持续发展。

创新创造能力是指农民应该具备的创新意识和创造能力，包括如何运用自己的经验和技能进行创新，如何参与和融入当地创新创造网络，以及如何分享和推广自己的创新成果等方面。农民需要具备一定的创新意识和能力，以适应不断变化的市场需求，提高自己的竞争力。

二、农民科技文化素质提升的具体目标

通过不断加强培训和教育，提升农民的各种科技文化能力，从而更好地适应市场需求，促进农业现代化和农村发展。

一是农业技术应用能力提升。只要是指熟练掌握各种农业技术，包括作物种植技术、动物养殖技术、农产品加工技术等，并能将其运用到农业生产中。了解农业技术的最新进展和动态，能够及时采用先进的农业技术提高生产效益。掌握农业技术的经济、社会和生态效益，能够权衡不同技术方案的优缺点并作出科学决策。

二是农业机械化水平提升。了解并掌握农业机械的使用和维护技能，包括拖拉机、收割机、灌溉机械等。熟悉农业机械化的最新进展和动态，能够及时采用先进的农业机械提高生产效率。掌握农业机械化的经济、社会和生态效益，能够权衡不同机械化方案的优缺点并作出科学决策。

三是农业科技创新能力提升。了解农业科技创新的最新进展和动态，能够及时采用最新的科技成果提高生产效益。具备一定的农业科技创新能力，能够针对农业生产中的问题进行技术创新。掌握农业科技成果转化的途径和方法，能够将科技成果转化为现实生产力。

四是农业信息化能力提升。了解并掌握基本的农业信息化知识和技能，包括计算机技术、网络技术等。具备获取和整理农业信息的能力，能够及时获取市场需求、农业政策、气象预报等信息。有一定的农业信息化应用能力，能够将信息技术应用于农业生产和管理中。

五是农业环境保护能力提升。了解并掌握基本的农业环境保护知识和技能，包括土壤保护、水资源保护、农业废弃物利用等。具备一定的农业环境问题应对能力，能够采取有效措施减轻环境污染和生态破坏。掌握绿色农业和有机农业的基本理念和技术，能够实现农业生产的绿色化和有机化。

六是农村可再生能源利用能力提升。了解并掌握农村可再生能源利用的基本知识和技能，包括太阳能、风能、水能等。具备一定的农村可再生能源利用能力，能够将可再生能源应用于农村生产和生活中。熟悉农村可再生能源的最新进展和动态，能够及时采用先进的可再生能源技术提高生产效益。

第四节　法律法规素养：遵守法律法规，增强法治素养

自改革开放以来，随着依法治国方针的确立，法制的日益完善，特别是在全国范围内开展的普法活动，使农村传统的道德约束机制日渐式微，现代法律意识开始步入乡土社会。但是在农村遇到纠纷或麻烦时，选择通过民间调解方式和通过行政方式解决的农民远远多于选择通过法律来解决的，农民首先想到的解决方式一般不会用法律来解决，法律方式往往是他们迫不得已的最后一招。他们经常选择的解决方式往往是找家族内或是村内有威望的人调解。如果纠纷再大一些，就会去找村干部解决。不到万不得已，农民们一般不会直接选择通过法律方式来解决纠纷。相较法律而言，他们似乎更相信人的力量，只要通过人与人之间的协调可以解决的事情就没有必要去通过法

律解决。与此同时，农村接受法律知识的渠道还较单一，法律知识面还较窄，主动学习法律知识的人还较少，而其中以中年人居多，而年轻人、老年人占较低的比例，农村普法的形式也相对单一。

一、农村法律法规意识现状

在国家迈向现代化的时代，随着科学技术的发展和法律观念的不断进步，农民的法律观念和知识已经有所改观，法律意识有所提高。但是农民的法律意识还存在较多问题，就目前农民的法律知识来看，还不能适应当前新型城镇化和新农村建设的发展形势。

二、提升农民法律法规素养的内涵

法律法规素养是指公民在法律知识、法律意识、法律观念和法律实践等方面的素养和水平。法律法规意识是公民素质的重要组成部分，它不仅关系公民个人的法律素养和行为规范，也关系社会的稳定和发展。提高公民法律法规意识，有助于公民更好地遵守法律、维护社会秩序、参与公共事务，促进社会的和谐稳定。同时，公民法律法规意识也是国家治理的重要基础，有助于国家更好地制定和实施法律法规，保障公民的合法权益，促进国家的发展和进步。

当前，我国乡村法治建设仍存在诸多问题，如法律制度不完善、法律服务资源不足、农民法律意识淡薄等。随着国家法治建设的推进，提高农民法律法规素质已成为促进农村法治建设、实现乡村振兴战略的重要任务。法律法规素质素养主要包括法律基础知识、依法办事意识、法律能力、法律道德和法律文化等方面。

1. 法律基础知识

法律知识是农民法律素质的基础，对于维护农民合法权益、保障乡村社会稳定具有重要作用。以下是一些农民应了解的法律基础知识。

一是农村土地所有权及使用权。农村土地是农民生产生活的基石，了解土地所有权及使用权的法律规定是农民法律素质的基本要求。农民应了解土地承包、流转、征收等方面的法律规定，以维护自己的合法权益。

二是农村生产资料分配相关法规。农村生产资料分配涉及农民的切身利益，了解相关法规能够帮助农民保障自己的权益。例如，对于农业补贴、扶贫资金等资源的分配，农民应了解其合法权益及申请流程。

三是农村社会保障相关法规。随着社会保障体系的不断完善，农村社会保障相关法规对于农民的重要性日益凸显。农民应了解养老保险、医疗保险、救助制度等方面的法律规定，以便在遇到问题时能够及时求助。

2. 依法办事意识

法律意识即依法办事意识，是人们对法律重要性的认知和认同，培养农民的法律意识是提高其法律素质的关键。以下是

一些提升农民法律意识的方法。

一是增强法律权威意识。农民应认识到法律的权威性和严肃性，自觉遵守法律法规，维护社会秩序。同时，也要敢于捍卫自己的合法权益，勇于同违法行为作斗争。

二是树立依法维权意识。当面临矛盾纠纷时，农民应首先寻求合法的解决途径，如协商、调解等。在维权过程中，要注重收集和保存证据，以便在必要时采取法律手段依法维护自己的权益。

3. 法律能力

法律能力是指人们运用法律知识和技能解决实际问题的能力。提升农民的法律能力对于维护其合法权益、促进乡村社会和谐具有重要意义。以下是一些农民应具备的法律能力。

一是合同签订能力。农民在涉及经济活动时，应了解合同的基本要素和签订流程，懂得如何通过合同来保护自己的权益。在签订合同时，要注意审查对方资质、履约能力等因素，避免签订无效或可撤销的合同。

二是风险规避能力。农民在生产、生活中应了解常见的风险源头，如市场风险、自然灾害等，并学会采取相应的规避措施。同时，还要关注食品安全、环境保护等方面的法律规定，确保自身及产品符合法律法规的要求。

三是治安维护能力。农民应了解农村社会治安相关的法律法规，如《中华人民共和国治安管理处罚法》等。在自身权益受到侵害时，要及时向公安机关报案，协助公安机关打击违法犯罪行为，维护农村社会稳定。

4. 法律道德

法律道德是人们对法律的信仰和遵从，是提升法律素质的内在动力。以下是一些农民应具备的法律道德。

一是遵守法律规定，维护公共利益。农民应了解并严格遵守法律法规，不违法乱纪，自觉维护公共利益和社会秩序。在生产、生活中，要树立合法经营、诚实守信的观念，不得侵犯他人权益和公共利益。

二是诚实守信，公平公正地处理事务。农民在涉及经济活动和处理事务时，应遵循诚实守信、公平公正的原则。在签订合同时，要如实履行义务，不进行虚假宣传或误导消费者；在处理纠纷时，要秉持公正公平的态度，不偏袒任何一方。

5. 法律文化

法律文化是人们对法律的认知和信仰，培养农民的法律文化是提高其法律素质的重要途径。以下是一些农民应了解的法律文化。

一是学习法律知识，参加法律活动。农民应主动学习法律知识，了解国家政策和法律法规，提高自身的法律素养。同时，积极参与村级组织、社会团体等举办的各类法律活动，加强法律交流和学习。

二是支持农村法治建设。农民应关注农村法治建设进程，支持政府和相关部门推进法治乡村建设。在参与乡村治理、公共事务决策等方面，要树立法治观念，推动形成良好的法治

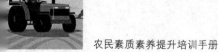

氛围。

三是弘扬法治精神，树立法治信仰。农民要深刻理解法治的意义和价值，树立对法律的信仰和敬畏之心。在生产、生活中要弘扬法治精神，推动形成知法、守法、用法的良好风尚。同时也要教育和引导家庭、邻里之间养成遵纪守法的习惯，维护良好的乡村秩序。

四是了解农村法治建设成就和典型案例。通过了解农村法治建设的成就和典型案例，增强农民对法律的信任感和认同感。让农民认识到法律的威力和保障作用，从而激发其自觉维护法律的权威和尊严的意识及责任感。

第五节　市场管理素养：防范市场经营风险，培养管理素养

市场管理素养是指企业在市场竞争中，通过全面调研和分析市场信息，制订有效的竞争策略、营销策划和价格策略，进行合理的渠道开发和精细的促销策略执行，同时加强品牌建设与维护，优化客户关系管理，并重视风险管理控制的能力。

市场管理素养涵盖了市场调研与分析、竞争策略制订、营销策划与执行、价格策略制订与调整、渠道开发与管理、促销策略制订与执行、品牌建设与维护、客户关系管理和风险管理控制等方面。对于现代企业来说，具备全面的市场管理素养是提升市场竞争力和实现可持续发展的关键。

一、农民市场管理素养的内涵

随着时代的发展，农民需要培养专业的市场管理素养，在参与市场竞争中，通过不断学习和实践，也同样需要具备一系列市场管理能力和素质。

一是市场调研能力。农民需要具备市场调研能力，包括了解市场需求、价格走势、竞争情况等。通过市场调研，可以帮助农民制订合理的种植计划和销售策略，进而提高市场竞争力。

二是谈判和沟通能力。在市场交易中，谈判和沟通能力是农民必须具备的能力。农民需要与供应商、买家、政府部门等进行有效的沟通和谈判，以争取更好的交易条件和政策支持。

三是物流和仓储能力。农产品具有易腐、易损、易变质等特点，因此物流和仓储能力对于农民来说至关重要。农民需要掌握有效的物流和仓储技能，保证农产品在运输和储存过程中保持良好的品质及状态。

四是信息技术应用能力。随着互联网和信息技术的快速发展，信息技术应用能力已成为现代农民的必备技能。农民需要掌握基本的计算机和互联网操作技能，以便通过网络获取市场信息、进行电子商务交易等。

五是创新和创业能力。农民需要具备创新和创业能力，不断探索新的种植技术、经营模式和销售渠道。通过创新和创业，可以优化农业生产结构，提高农产品的附加值和市场竞争力。

六是风险管理和抗风险能力。农业生产面临自然风险、市场风险等多种风险，因此农民需要具备风险管理和抗风险能力。农民需要学会识别和分析风险，采取有效的风险管理措施，如购买保险、合理安排种植计划等，以降低风险对农业生产的影响。

七是绿色和可持续发展意识。随着消费者对健康和环保的关注度不断提高，绿色和可持续发展意识已成为现代农业的重要发展方向。农民需要关注环保和绿色农业发展趋势，采用环保技术和可持续生产模式，提高农产品的品质和附加值。

八是诚信守法意识。在市场交易中，诚信守法是基本的道德准则。农民需要树立诚信守法意识，遵守市场规则和法律法规，提高自身的信誉度和美誉度。同时，也需要了解消费者的权益保护法规，保证农产品质量安全，从而赢得消费者的信任和支持。

农民的市场管理素养是参与市场竞争所必须具备的能力和素质。不断提高自身的市场管理素养，可以帮助农民在市场竞争中取得优势，实现农业生产的持续稳定发展。

二、如何有效规避市场风险

作为农民，在提升自身市场管理素养的同时，如何规避市场风险是取得成功的关键。以下是一些建议，帮助农民在面临市场风险时，能够有效地降低潜在损失。

1. 多样化种植

农民应该考虑多样化种植，不要过度依赖单一品种。通过同时种植多种农作物，可以降低市场风险，因为不同品种的需求和价格可能会有所不同。在选择种植品种时，需要考虑当地的气候、土壤和市场需求。

2. 了解市场动态

农民需要密切关注市场动态，包括当前市场需求、价格变化、政策调整等信息。通过了解市场趋势，可以制订相应的生产计划，避免出现生产过剩或供不应求的情况。同时，还能在市场价格波动时，及时做出应对措施。

3. 签订长期合同

农民应该考虑与供应商签订长期合同，以确保稳定的采购来源和较低的价格。这样可以避免因市场价格波动而产生的采购风险。在签订合同前，需要对供应商进行充分的调查和了解，选择信誉良好的合作伙伴。

4. 购买农业保险

购买农业保险是一种降低生产过程中自然风险和价格波动风险的有效方法。通过购买保险，农民可以在遭受自然灾害或其他损失时，得到一定的经济补偿，从而降低经营风险。

5. 高效利用资源

农民需要提高土地、水源、能源等资源的利用效率，减少浪费和过度使用。通过采用现代化的农业技术和设备，可以提高生产效率，降低生产成本，同时减少对环境的影响。

6. 适度发展深加工

发展深加工产业可以增加农产品的附加值和抗风险能力。农民可以投资建设农产品加工厂，如制粉、酿造、腌制等，将农产品转化为更具市场需求的产品，提高收益水平。

7. 注重品牌建设

农民应该加强品牌建设，通过提高产品质量、创建品牌声誉，增加产品的市场竞争力。通过注册商标、参加农产品展览等方式，不断提升品牌知名度和美誉度。这样不仅可以吸引更多消费者，还可以在市场价格波动时，保持稳定的销售渠道。

8. 发展联合经营

农民可以联合起来，共同应对市场风险。例如，可以成立合作社、增加采购量、统一销售等。通过联合经营，可以降低生产成本，提高议价能力，同时增加对市场风险的抵御能力。

9. 提升技术创新

农民应关注技术创新，如新品种培育、生产工艺、智能化等。通过引进新品种、新技术，可以提高生产效率和产品质量，降低生产成本和市场风险。同时，技术创新还可以提升农产品的附加值和市场竞争力。

10. 预测市场变化

农民应具备预测市场变化的能力。通过关注市场需求、价格趋势等指标，可以及时调整生产计划，灵活应对市场变化。例如，根据市场需求调整种植结构、根据价格变化调整销售策略等。通过预测市场变化并采取相应的应对措施，可以大大降低市场风险对农业生产的影响。

总之，作为农民，要规避市场风险，需要从多个方面入手。通过多样化种植、了解市场动态、签订长期合同、购买农业保险、高效利用资源、适度发展深加工、注重品牌建设、发展联合经营、提升技术创新以及预测市场变化等措施，可以降低潜在损失，并提高经营效率。在实践中，农民需要根据自身实际情况和市场环境，灵活运用这些方法，以实现农业生产的持续稳定发展。

第六节 安全生产素养：注重农产品质量与生态保护，健全安全素养

安全生产素养是指农民在安全生产过程中表现出的安全知识和行为，包括安全意识、安全技能、风险识别和化解能力、快速反应和应急处理能力、团队合作精神等方面。这些能力和素质对于保障农民和企业的安全、稳定生产具有重要的作用。农业作为国民经济中重要的一环，涉及千家万户的餐桌安全，其中，食品安全意识和环境保护意识尤为关键。

一、农产品质量安全专题知识

农产品质量安全是指农产品在生产、加工、运输、贮藏和销售过程中，未受到化学物质、致病菌、农药、化肥、添加剂等有害物质的污染，确保消费者食用安全和健康。

农产品质量安全涉及农业生产、生态环境、卫生标准、市场监管等多个方面。在农业生产过程中，要合理使用农药、化肥、添加剂等物质，确保农产品安全；在生态环境方面，要保护土壤、水源、气候等自然环境，减少对环境的污染；在卫生标准方面，要严格执行国家相关规定，保障农产品卫生质量；在市场监管方面，要加强市场监管，规范农产品市场秩序，保障消费者权益。

为了保证农产品质量安全，需要全社会共同努力。政府要加强市场监管，制定更加严格的法律法规；广大农民要提高环保意识，合理使用农药、化肥、添加剂等物质；消费者要增强安全意识，选择放心农产品，支持优质农产品生产商；全社会要倡导绿色消费观念，减少对环境的污染。

生产过程中的质量管控是农产品质量安全的基石，农民的生产方式直接关系农产品的品质和安全性。在农业生产中，农民需要从土壤、水源、肥料等方面进行严格的质量管理，以确保农产品达到最高的安全标准。

在土壤管理方面，农民需要加强对土壤的监测和保养。定期对土壤进行化验分析，了解土壤的养分状况和有害物质的含量，及时采取措施进行改良，以确保土壤的生物多样性和肥力。

在肥料管理方面，农民需要选用合适的肥料，并严格控制施肥量。选用有机肥、生物肥等绿色肥料，避免大量使用含氮、磷等元素的化学肥料，以减少对土壤和水源的污染。

在灌溉管理方面，农民需要采用滴灌、喷灌等节水灌溉方式，定时定量供水，避免过度灌溉或湿润现象。这样既能有效提高农作物的产量和品质，又能确保水资源的高效利用和环境保护。

在病虫害防治方面，农民需要采取预防为主、综合防治的策略。通过选用抗病、抗虫品种，合理施肥，保持田间卫生等措施，减少病虫害的发生和蔓延。同时，合理运用化学防治、生物防治、物理防治等手段，确保农产品质量安全。

在农产品质量控制方面，农民需要加强生产过程中的卫生管理，对农药、化肥、添加剂等的使用进行严格的管理和监测。确保农产品在生产过程中不受到污染和损害，保障消费者的食品安全。

二、生态环境保护专题知识

农业生态环境保护，是指为了保护农业生态环境，减少农业生态环境污染，提高农产品质量，促进农业可持续发展而采取的一系列措施。农业生态环境保护的目的是保护我们的家园，让我们的子孙后代能够拥有一个更加美好的环境。农业生态环境保护的措施包括减少化学农药的使用，推广生物农药和有机肥料；减少工业污染物的排放，提高能源利用效率，减少能源消耗；加强农业生态环境的监测和治理，及时发现和解决农业生态环境问题；加强农业生态环境的宣传和教育，提高农民和消费者的环保意识。

加强农业生态环境保护主要包括以下 4 个方面的内容。

一是优化农业生产结构。需要调整种植业结构，减少粮食作物种植面积，增加特色农业种植比重；优化畜牧业结构，发展绿色养殖，提高养殖业整体效益；调整种植业与养殖业比例，实现生态循环，提高土地综合利用率。

二是加大科技创新投入。加大科技创新投入，提升农业生态环境保护科技水平。通过科技手段，研发低耗、高效、环保的农业技术，提高农业生产效率，降低资源消耗。同时，推广绿色生产的理念和方法，实现生态环境的可持续发展。

三是倡导绿色生产生活方式。教育广大农民和农村居民，树立生态保护意识，提高对生态环境保护的认识和理解。推广绿色生产生活方式，减少能源消耗，降低污染排放，促进资源循环利用。

四是强化法律法规与政策保障。政府需制定相关法律法规和政策，规范农业生产行为，严惩违法行为；引导企业、社会团体和个人积极参与农业生态环境保护工作；制定绿色农产品生产标准及认证体系，提高农产品质量安全水平。

【想一想】

1. 如何培养正确价值观，提高道德素养？

2. 如何养成健康生活方式，提升身心素养？

3. 如何提高农民生产水平，增强科技素养？

4. 如何遵守法律法规，增强法治素养？

5. 如何注重农产品质量与生态保护，健全安全素养？

第四章 农民素质素养提升方案

农民承担了乡村振兴的重要责任和使命，是现代农业生产生活方式的提供者和服务者，是美丽乡村建设的设计者和行动者，是解决"人民日益增长的美好生活需要和不平衡不充分的发展之间的矛盾"的关键。促进农民全面发展应立足于其职业特点和社会分工，既要促进提高农民收入、增加农民社会福利、增强农民社会保障等外生发展，也要促进提升农民科学素质、强化身份认同、弘扬社会主义核心价值观等内生发展，切实增强农民的获得感、幸福感和安全感。促进农民全面发展首先要全面提高农民素质，特别是科学素质。《乡村振兴农民科学素质提升行动实施方案（2019—2022 年）》将"农民科学素质提升行动"确立为在"十四五"时期实施的 5 项提升行动之一，提出"到 2022 年，乡村振兴农民科学素质提升取得阶段性成果，探索形成一批各具特色的模式和经验"。在乡村振兴战略实施中，我国农民的年龄分层、性别比例、受教育程度、知识结构存在短板；农民拥有传统农业保护优势，但是在现代农业发展中思想观念、生产理念、科学技术等方面存在不足；农村科技人才匮乏，面对推陈出新的生产经营概念和复杂多变的市场经济，农民缺乏适应生产力发展和市场竞争的后劲；农民在适应现代生活方式、抓住发展机遇等方面都存在不同程度的困难。

在对农民培训过程中，应根据农民的不同情况，有的放矢地进行侧重点不同的科技培训。在农业现代化和城市化的历史背景下，传统农民的出路是多方位的，即让农民不当农民，让农民当好农民，让农民兼职当农民。对不再当农民而进行劳动力转移的农民，其培训的重点就是将来所从事行业的实用技术和技巧。对要当好农民的农民，其培训重点是现代农业技术和理念。对兼职当农民的农民培训的重点除现代农业技术和理念及兼职的技术规范外，还要对农民进行规模农业生产的经营技术和理念的培训。

第一节　农民基础文化素质的培养提升

随着社会的发展，城市化进程不断加快，农村也面临着结构性的转型，现代化的农业生产中，需要的不仅是体力劳动，更是头脑劳动。通过提高农民的文化素质，他们可以更好地掌握先进的生产技术，了解市场需求，提高农产品的质量和附加值，从而实现更高的效益。

农民是农村社会的基本组成部分，提升农民文化素质可以有效地提高农民的文明素养，培养他们的社会责任感和道德观念，推进农村社会文明进步。

为了提升农民文化素质，政府、社会和企业应当共同努力，为农民提供丰富多样的教育资源和培训机会。例如，政府可以加大对农民职业教育的投入，设立各类农业科技培训项目，帮助农民掌握先进的种植技术和养殖方法。社会各界可以通过开展各种文化活动、支持农村文化产业的发展，增强农民对自身文化传统的了解和认同。除政府、社会和企业的支持外，农民自身也要自觉地学习文化知识，培养良好的道德品质和社会责任感。只有这样，才能真正实现农民文化素质的提升，推动农村社会的全面进步。在提升农民文化素质的过程中，我们应当充分认识到农民的文化需求，尊重他们的文化地位，为他们提供广阔的文化舞台。只有这样，才能真正激发农民的文化活力，促进农村文化的繁荣发展。

一、政治理论知识

我国在推进乡村振兴战略大背景下，应该对农民定期进行思想政治教育培训工作，这一定程度上有助于农民端正思想态度，规范自身的行为，从而保证农村经济沿着正确的方向发展。乡村振兴战略包括人才振兴，农民是乡村的主体，只有先对农民进行思想政治教育，才能促进乡村振兴战略的顺利推进。对农民进行思想政治教育的过程中，仍然存在思想政治教育内容单一、教育载体落后、教育队伍不完善、农民素质偏低、教育方法落后等问题。

针对这些问题，我们提出了丰富思想政治教育内容、优化教育载体、优化教育队伍、提升农民综合素质、改善教育方法等优化对策。

总之，农民学习政治理论可以帮助农民更好地了解国家政策、提高政治素质、参与农村治理、促进社会和谐、增强自我保护意识、推动农村经济发展和促进农村文化发展等，从而更好地参与到农村社会治理中。

（一）政治理论知识范围

政治理论知识包括许多方面，以下是一些常见的政治理论知识。

一是政治制度。政治制度是指国家权力的分配和运行方式，包括国家机构、法律体系、政治文化等方面的内容。

二是政治思想。政治思想是指对政治制度、政治组织、政治实践等方面的认识和态度，包括意识形态、价值观、政治文化等方面的内容，重点在习近平新时代中国特色社会主义思想、社会主义核心价值观。

三是政治组织。政治组织是指参与政治活动的团体和机构，包括政党、社会组织、公民团体等。

四是政治实践。政治实践是指政治制度的实施和落实，包括政策制定、执行、监督等方面的内容。

五是政治文化。政治文化是指与政治制度、政治思想、政治组织相关的价值观念、行为规范等方面的内容。

六是国际关系。国际关系是指国家之间的相互关系和合作，包括国际组织、国际法、国际安全等方面的内容。

七是历史与现实。历史与现实是指过去和现在的政治、经济、文化等方面的变化和发展，包括历史事件、历史人物、现实状况等方面的内容。

以上这些政治理论知识相互联系、相互依存，共同构成了政治学的基础和框架。这些知识对于农民理解社会现象、制定政策、推动社会进步等方面都具有重要的意义。

（二）提升政治理论知识水平

政治理论知识是指导政治生活的重要基础，提升政治理论知识对于每个人来说都是非常重要的。面向高素质农民培育对象全面开设综合素质素养课程。培训内容突出习近平新时代中国特色社会主义思想、社会主义核心价值观，涉农法律法规、农业农村政策，农业绿色发展、农产品质量安全、农业防灾减灾，金融信贷保险，乡村规划建设、乡风文明、农耕文化等领域基础知识。在农民素质素养培育过程中，要重点针对以下内容提升政治理论素养。

1. 了解政治制度

了解我们国家的政治制度，包括国家的基本制度、国家领导人的选举制度、国家政策的制定程序等，这些知识可以帮助更好地理解国家政策，更好地参与到政治生活中。

2. 学习政治思想

政治思想是指导人们行为的重要因素，学习政治思想可以帮助我们更好地理解社会现象和政治事件，更好地参与到政治生活中。

3. 关注政治文化

政治文化是政治制度的重要组成部分，它包括政治价值观、政治伦理道德、政治文化传统等。关注政治文化可以帮助农民更好地理解政治制度，更好地参与到政治生活中。

4. 了解政治历史

了解我们国家的政治历史，包括历史事件、历史人物、历史制度等，这些知识可以帮助农民更好地理解国家的发展历程，更好地参与到政治生活中。

5. 学习政治经济

了解我们国家的经济制度，包括市场经济、国有企业、金融政策等，这些知识可以帮助农民更好地理解国家的经济状况，更好地参与到经济生活中。

6. 关注政治外交

了解我们国家的外交政策，包括国际关系、国际合作、国际竞争等，这些知识可以帮助农民更好地了解国际形势，更好地参与到国际事务中。

7. 重视政治教育

通过学习政治教育课程，可以了解国家的基本政治制度、政治思想、政治文化等方面的知识，从而更好地掌握政治理论知识。

提升政治理论知识需要全面系统地学习，深入了解国家的政治制度、思想、文化、历史和经济发展状况，只有掌握了这些知识，广大农民朋友才能更好地参与到政治生活中，为国家的繁荣和发展做出更大的贡献。

二、政策法规知识

【案例】

老李在农村拥有一处宅基地和房屋，由于长期在城市居住，打算将房屋出售给同村的小马。双方签订了房屋买卖合同，约定售价为 20 万元。然而，在办理过户手续时，村委会告知老李，他的房屋属于违建，不能办理过户。老李不服，认为自己建造房屋时并未违反任何规定，要求村委会撤销决定并赔偿损失。双方协商未果，老李向法院提起诉讼。

【案例分析】

这个案例涉及房屋买卖合同、宅基地使用权和法律程序等方面的问题。老李和小马签订了房屋买卖合同，约定售价为 20 万元。根据《中华人民共和国合同法》的规定，买卖双方在合同中约定了具体的权利和义务，双方应该遵守合同约定。因此，老李和小马之间的房屋买卖合同是有效的。

在农村，宅基地是农民的重要财产，宅基地使用权是农民的合法权利。老李在农村拥有一处宅基地和房屋，但在办理过户手续时，村委会告知他的房屋属于违建，不能办理过户。根据《中华人民共和国土地管理法》的规定，农村房屋必须符合规划和建设许可要求才能进行建设，否则会被认定为违建。因此，如果老李的房屋确实属于违建，他可能无法通过法律途径实现过户。

老李认为自己建造房屋时并未违反任何规定，要求村委会撤销决定并赔偿损失。双方协商未果后，老李向法院提起了诉讼。根据《中华人民共和国行政诉讼法》的规定，公民对行政机关作出的具体行政行为不服的，可以依法提起诉讼。在本案中，村委会认为老李的房屋属于违建并拒绝过户，这一行为属于行政行为。因此，老李可以通过行政诉讼途径维护自己的合法权益。

总之，这个案例涉及房屋买卖合同、宅基地使用权和法律程序等方面的问题。需要注意的是，在购买农村房屋时应当了解房屋是否符合规划和建设许可要求，以免造成不必要的麻烦和损失。如果遇到类似的问题，可以咨询专业的律师或法律机构以寻求帮助和支持。

通过以上案例，我们可以看到农民普法工作的重要性和针对性，针对不同领域存在的问题进行普法宣传教育，有助于提高农民的法律意识和维护其合法权益。同时，政府和社会各界也应当加大对农民权益的保护力度，不断完善相关法律法规和政策措施，以进一步提高农民的生产生活水平和社会地位。

农村政策法规是指国家和地方针对农村发展和农民权益保障制定的相关法律法规和政策文件。了解农村政策法规的基本知识对于农村居民和农民群体非常重要。农村政策法规旨在规范农村发展和农民权益保障过程中的各种行为，不仅能够帮助农民更好地了解自己的权益和责任，还能够帮助他们更好地参与到农村发展中来。

（一）政策法规知识内容

农民需要掌握学习的政策法规知识包括以下内容。

1. 农村土地政策法规

一是农村土地承包经营制度。农村土地承包经营权是农民的合法权益，保护农民的土地承包经营权利益，确保土地承包经营制度的稳定性和可持续发展。

二是农村集体经济组织土地管理。农村集体经济组织应当合理利用和管理集体土地资源，促进集体经济发展和农民收入增加。

三是农村土地征收与补偿。对于国家和集体所有的土地，根据法律规定，可以进行征收，并对被征收的农民进行合理的补偿。

2. 农民权益保障政策法规

一是农民工权益保护。相关法律规定，保护农民工的劳动权益，确保其工资、社会保险、劳动条件等合法权益不受侵犯。

二是农村农业保险政策。农村农业保险是农民保护自身利益的重要方式，保障农民在自然灾害、疾病等因素影响下产出和收入的稳定。

三是农民合作组织支持政策。鼓励农民建立合作社、农民专业合作社等组织形式，通过集体经营和合作发展，提高农民的种植、养殖等农业生产效益，提升农民收入水平。

3. 农村经济发展政策法规

一是农村产业发展政策。鼓励农村地区发展有竞争力的优势产业，促进农村经济的转型升级，提升农民的收入水平。

二是农村金融支持政策。为农村居民和农民提供金融服务和支持，包括农村信用社、农村银行等金融机构的设立和服务扶持。

三是农村科技创新政策。鼓励农村科技创新，推动农村科技成果的转化和应用，提高农业生产效益和农民生活质量。

（二）如何提升农民的政策法规知识素养

作为农民，了解国家政策法规是非常重要的。政策法规是政府为了保障农民的权益，促进农业的发展而制定的各种规定和措施。只有了解这些政策法规，才能更好地了解国家对农业的支持和扶持，更好地利用政策法规来促进农业的发展。

1. 普及法律法规知识，提高农民的法律意识

为了提高农民的法律意识，我们首先需要普及法律法规知识。主要通过以下方式实现。

一是开展法律讲座。邀请法律专家深入农村，为农民讲解法律法规知识，特别是与农业生产、农村社会、农民生活密切相关的法律法规。

二是发放法律宣传资料。将法律法规知识整理成宣传资料，发放给每个农民，以便他们随时查阅和学习。

三是建立法律咨询平台。建立法律咨询平台，为农民提供法律咨询服务，解答他们在生产生活中遇到的法律问题。

2. 开展法律培训，提高农民的法律素养

除普及法律法规知识外，我们还需要开展法律培训，提高农民的法律素养。这可以通过以下方式实现。

一是制订培训计划。根据农民的需求和实际情况，制订法律培训计划，包括培训内容、形式、时间、地点等。

二是聘请专业师资。聘请具有丰富实践经验和专业知识的法律工作者或专家学者担任培训师，为农民提供高质量的法律培训。

三是丰富培训内容。培训内容应涵盖法律法规、案例分析、法律实务等方面，以帮助农民全面提高法律素养。

四是创新培训形式。采用多种培训形式，如集中授课、小组讨论、案例分析等，以增强农民的学习兴趣和参与度。

3. 强化法律监督，保障农民合法权益

为了保障农民的合法权益，我们需要强化法律监督。

一是设立监管机构。设立专门的监管机构，负责监督农村法律的实施情况，及时发现和纠正违法行为。

二是加强行政执法。加大行政执法力度，对侵害农民合法权益的行为进行严厉打击，维护农村社会的公平正义。

三是发挥社会监督作用。鼓励农民积极参与社会监督，对违法违规行为进行举报和曝光，促进农村社会的法治建设。

4. 完善法律服务，为农民提供优质服务

为了更好地服务农民，我们需要完善法律服务。

一是拓展服务内容。为农民提供多元化的法律服务，包括法律咨询、法律援助、纠纷调解等。

二是创新服务方式。采用便捷、高效的服务方式，如电话热线、网络平台等，以便农民随时获取法律服务。

三是提高服务质量。加强对法律服务工作的监督和管理，提高服务质量和效率，确保农民得到优质的法律服务。

5. 加强普法宣传，营造良好的法治环境

为了营造良好的法治环境，我们需要加强普法宣传。

一是根据农民的需求和实际情况，制订普法宣传计划，包括宣传内容、形式、时间、地点等。

二是丰富宣传内容。宣传内容应涵盖法律法规、案例分析、法律实务等方面，以帮助农民全面了解法律知识。

三是创新宣传形式。采用多种宣传形式，如广播、电视、网络等，以扩大普法宣传的覆盖面和影响力。

四是加强与农民的互动。通过举办法律知识竞赛、法律讲座等活动，鼓励农民积极参与普法宣传活动，增强他们的法治意识。

五是建立参与机制。建立完善的参与机制，鼓励农民参与农村社会的法治建设活动，如听证会、民主决策等。加强对农民的参与意识教育，帮助他们了解自己的权利和义务，提高他们的法治参与意识。

三、市场经济知识

市场经济是一种经济体系，它以自由竞争为基础，通过市场机制来配置资源，实现经济的高效运行。了解市场经济的基本概念、市场经济的运行机制以及市场经济的发展趋势，对于把握经济发展的规律、促进经济的持续发展具有重要意义。

随着城市人口不断增加，人们对农产品质量和品种的需求也不断提高。有机食品、绿色农产品、生鲜配送等成了市场的热点。农民要抓住这些新的机会，就需要关注市场趋势，调整自己的生产方式和产品结构。例如，可以转向有机农业、无公害农业，或者通过合作社、电商平台等渠道推广自己的产品。

（一）市场经济知识的内容

农民作为市场主体之一，需要了解和掌握一些市场经济知识，以便更好地适应市场变化和参与市场竞争。农民需要学习的市场经济知识包括供需原理、价值规律、市场竞争、消费者行为、企业经营、宏观调控、风险防范、信息搜集等方面。

1. 供需原理

供需原理是市场经济的基本原理之一，它指出市场上的商品和服务的供给和需求相互平衡，从而决定市场价格。农民需要了解市场供求关系的变化，以便合理安排农产品的生产和销售，避免出现供过于求或供不应求的情况。

2. 价值规律

价值规律是市场经济的基本规律之一，是指商品和服务的价格与其价值相互关联，价格受供求关系的影响围绕价值上下波动。农民需要了解价值规律，以便更好地把握市场价格变化，做出合理的生产和销售决策。

3. 市场竞争

市场竞争是市场经济的重要组成部分，它促进市场主体之间的竞争和创新。农民需要了解市场竞争的规律和特点，以便更好地适应市场竞争环境，提高农产品的质量和附加值，增加市场竞争力。

4. 消费者行为

消费者行为是市场经济中重要的因素之一，它决定市场需求和消费趋势。农民需要了解消费者行为的特点和规律，以便更好地满足市场需求，提高农产品销售量和收益。

5. 企业经营

农民作为市场主体之一，需要了解企业经营的基本知识和技能，以便更好地管理和发展自己的企业。这包括企业战略规划、市场营销、财务管理等方面。

6. 宏观调控

市场经济需要政府的宏观调控来稳定市场和促进经济发展。农民需要了解政府的宏观调控政策和方法，以便更好地把握市场变化和政策机遇，为自己的生产和经营争取更好的条件。

7. 风险防范

市场经济中存在着各种风险和不确定性，农民需要了解风险防范的基本知识和方法，以便更好地规避市场风险和不确定性对自己的生产和经营造成的影响。这包括市场风险、价格风险、信用风险等方面的防范措施。

8. 信息收集

在市场经济中，信息是重要的资源之一。农民需要了解如何收集和分析市场信息，以便更好地把握市场变化和趋势，为自己的生产和经营做出更明智的决策。这包括市场调研、数据分析等方面。

在日益纷繁的市场需求和形势下，对新时期农民提出了更高的要求，农民需要学习的市场经济知识涵盖了供需原理、价值规律、市场竞争、消费者行为、企业经营、宏观调控、风险防范、信息搜集等方面。通过学习这些知识，农民可以更好地适应市场变化和参与市场竞争，提高自己的生产效益和收益水平。

（二）市场经济知识提升方案

在市场经济中，农民要更好地参与市场竞争，可以采取以下措施。

1. 了解市场需求

农民需要了解市场需求和消费者喜好，以便生产适销对路的产品。通过市场调研和分析，可以了解消费者对农产品的品质、价格、口感等方面的需求，从而为市场提供更符合需求的产品。

2. 提升产品质量

农民应该注重提高产品的质量，包括口感、营养价值、新鲜度等方面。通过选用优良品种、采用科学的种植技术、加强质量监管等方式，可以提高产品的品质和安全性，增强市场竞争力。

3. 创新生产方式

农民可以尝试创新生产方式，例如采用有机农业、绿色农业等新型生产方式，以满足消费者对健康、环保等方面的需求。同时，可以利用现代化技术手段，如物联网、大数据等，提高生产效率和市场响应速度。

4. 拓展销售渠道

农民可以通过多种渠道销售产品，如传统的农贸市场、超市、餐厅等，也可以利用互联网平台（如电商平台、社交媒体等）拓展销售渠道。通过线上线下结合的方式，可以扩大产品的覆盖面，提高市场占有率。

5. 加强合作与联合

农民可以与其他农业经营者、农业企业等合作或联合，形成规模优势和产业链优势。通过合作与联合，可以降低生产成本、提高产品质量、增强市场竞争力，实现互利共赢。

6. 注重品牌建设

农民可以注重品牌建设，通过打造具有特色的农产品品牌，提高产品的知名度和美誉度。可以通过包装设计、广告宣传等方式提升品牌形象和市场价值，吸引更多消费者购买。

7. 引进人才和技术

农民可以引进具有现代农业经营理念和技术的人才和技术，以提高农业生产的技术水平和市场竞争力。可以通过与科研机构合作、招聘专业人才等方式，推动农业现代化和高质量发展。

农民要更好地参与市场竞争，需要紧跟市场需求、提升产品质量、创新生产方式、拓展销售渠道、加强合作与联合、注重品牌建设并引进人才和技术等多方面的措施。只有不断提高自身的竞争力和适应能力，才能在激烈的市场竞争中立于不败之地。

四、经营管理知识

从经典的管理理论来讲，目前世界公认的管理理论是四大模块：计划、组织、领导和控制。

计划：确定一个目标，规划实现目标的措施和手段。

组织：所有的计划和措施，需要组织来完成，把人放到组织里，实施这个计划。

领导：作为领导者，是做"人"的工作，通过激励、协调、关怀等，领导员工为组织目标而奋斗。

控制：在计划和实际执行过程中，会有很多地方不一致，所以需要根据实际情况不断修正计划或措施。

（一）经营管理知识内容

农民在素质素养提升过程中，需要学习并掌握一定的经营管理知识，在从事农业生产、加工、销售等经营活动中，可以提高经济效益和社会效益，实现自身可持续发展。尤其是农民在经营合作社、家庭农场、农业企业等新型农业经营主体的过程中，更应该有相应的知识来武装自己，以应对市场变化和竞争风险。

农业生产管理规划：主要是指对生产过程进行计划、组织、控制和监督的管理规划。包括种植业、畜牧业、渔业等农业生产的规划、组织、指导和监督，涉及土地利用、种植技术、养殖管理、渔业生产等方面。

农产品营销管理：主要是通过市场调研和分析，制订营销策略和方案，以实现产品销售和品牌推广。包括农产品的市场调研、销售渠道的选择、价格策略、品牌建设、营销推广等内容。

农业资源管理：包括土地资源、水资源、气候资源、人力资源和资金资源的合理配置和利用。

农业技术与创新管理：包括农业技术的引进、创新、推广和应用，以及农业科技成果转化和知识产权管理。

农业财务管理：主要是指对生产过程中资金进行规划、控制和管理。包括农业生产成本核算、财务预算、资金管理、投资决策和风险管理等方面。

农业政策与法规管理：包括了解和遵守相关的农业政策法规，包括土地管理、环保政策、农业补贴政策等。

农业生态环境管理：包括农业生产对生态环境的影响、可持续发展策略、环保措施等内容。

农业品牌建设与社会责任管理：包括农产品品牌塑造、社会责任履行、公益活动开展等方面。

（二）经营管理知识提升方案

随着农业现代化和农村经济的发展，农民需要具备更多的经营管理知识，具备经营管理知识可以帮助农民更好地应对市场竞争、提高农业生产效率、降低经营风险，增加经济收入，促进农村可持续发展。通过经营管理知识，农民可以学习和应用现代农业技术与管理方法，提高农业生产效率，增加农产品产量和质量。具备经营管理知识的农民可以更好地进行市场调研和风险评估，制订合理的农业生产计划和经营策略，降低经营风险，提高农业经营的稳定性和可持续性。

通过经营管理知识，农民可以了解市场需求，合理选择农产品种植和养殖品种，制订适合市场需求的营销策略，提高农产品的市场竞争力。更好地帮助农民进行成本控制、效益评估和财务管理，提高农业经营的效益，增加经济收入。农民具备经营管理知识还可以更好地应对农业生产与生态环境之间的关系，促进农业可持续发展，实现生态效益、经济效益和社会效益的统一。

在充分借鉴和参考国内提升农民经营管理素质能力的基础上，制订以下方案。

1. 提供培训和教育

政府和相关机构可以组织经营管理知识的培训和教育活动，为农民提供经营管理知识和技能的培训课程，帮助他们了解现代农业管理理念、技术和方法。

2. 提供信息和咨询服务

建立健全的信息咨询服务体系，为农民提供农业市场信息、生产技术信息、政策法规信息等，帮助他们更好地进行经营管理决策。

3. 引导农民参与合作社和农民专业合作社

鼓励农民参与合作社和农民专业合作社，通过合作社组织农民进行经营管理，共同分享资源和信息，提高农业生产效率和经济效益。

4. 推广示范项目

开展农业示范项目，向农民展示现代农业管理技术和方法，让农民亲身体验和学习，提高他们的经营管理素质。

5. 提供财务支持和奖励政策

政府可以通过财政支持和奖励政策，鼓励农民学习和应用经营管理知识，提高他们的经营管理素质。

6. 加强农民组织建设

加强农民组织建设，如农民合作社、农民专业合作社等，组织农民进行经营管理知识的学习和交流，共同提高经营管理素质。

通过以上措施，可以提升农民的经营管理素质素养，帮助他们更好地适应现代农业发展的需求，提高农业生产效率和经济效益。

第二节　农民专业能力的培养提升

农民专业能力是指农民在农业生产和经营管理方面所具备的专业知识、技能和素养。它包括了广泛的领域，从种植技术到市场营销，从资源管理到农业政策等。农民专业能力的提升对于提高农业生产效率、质量和经济效益至关重要。

农民专业能力培养对于提高农业生产效率、促进农产品质量安全、改善农民收入和生活水平、推动农业现代化发展、促进农村经济发展以及保护环境和资源等方面具有重要意义。

农民专业能力培养的重要性体现在以下几个方面：一是农民专业能力培养可以使农民掌握先进的种植、养殖、施肥、病虫害防治等技术，从而提高农作物和畜禽的产量及质量，增加农业生产效益。二是农民专业能力培养有助于农民了解和遵守农产品质量安全管理的相关法律法规及标准，提高农产品的质量和安全水平，增强市场竞争力。三是农民专业能力培养可以帮助农民提高经营管理水平和农产品质量，增加农产品产值，从而提高农民的收入和生活水平。四是农民专业能力培养有助于农民适应现代农业的发展需求，提高农业生产的科技含量、智能化水平和管理水平，推动农业现代化发展。五是农民专业能力培养有助于提高农业生产效率和质量，增加农产品产值，推动农村经济的发展，促进农民就业和创业。六是农民专业能力培养有助于农民了解环境保护政策和资源管理技术，实施可持续发展的农业生产方式，保护农田和生态环境。

因此，政府、农业机构和企业应该重视农民专业能力培养工作，为农民提供相关的培训、技术支持和政策引导，帮助农民提升经营管理能力，适应现代农业发展的需要。

下面主要从农业生产技能、农村电商技能、乡村旅游开发能力、农产品营销能力4个方面进行详细阐述。

一、农业生产技能：掌握现代农业技术，提高农业生产效益

农业生产技能技术是农民生产技能的基础，学习农业生产技能对于提高农业生产效率、保障农产品质量安全、适应现代农业发展、提高农民收入和生活水平、促进农业可持续发展等方面具有重要意义。政府、农业机构在高素质农民培育过程中，越来越重视农民的职业培训和技能提升，为农民提供相关的培训机会、技术支持和政策引导，帮助农民掌握先进的农业生产技能，提升其生产能力和竞争力。

随着农业技术的不断更新换代，农民需要不断学习新的生

产技能，以适应现代农业的发展需求，提高农业生产的科技含量和智能化水平。

（一）生产技能内容

农业生产技能技术是指在农业生产过程中所涉及的各种技能和技术的总成，涵盖了种植、养殖、农机具使用和维护、农产品加工、农业生态环境保护、农业科技创新和农业信息化等多个方面，农民需要掌握这些技术，才能提高农业生产效率，保障农产品质量安全，促进农业可持续发展。

种植技术：作物栽培种植技术是农业生产的核心技能，包括作物选育、种子繁育、土壤改良、施肥、灌溉、田间管理、病虫害防治等方面的技术。

养殖技术：包括畜禽选种、饲养管理、疫病防治、营养调配、繁殖和养殖环境控制等方面的技术。

农机具使用和维护技术：农业机械是提高农业生产效率的重要工具，包括农机具的选购、使用、维护和修理等方面的技术。

农产品加工技术：农产品加工是当前农业产业发展的重头戏，在促进农村一二三产业融合发展中的作用日益突出，包括农产品的初加工和深加工技术，如蔬菜、水果、畜禽肉类、奶制品等的加工技术。

农业生态环境保护技术：包括农业生态环境保护和修复技术，如土地保护、水资源管理、农业废弃物处理等方面的技术。

农业科技创新技术：包括农业科技创新、新品种选育、新技术应用等方面的技术。

农业信息化技术：是指利用信息技术手段提高农业生产效率和管理水平的技能，包括农业信息化系统应用、农业数据采集、数据处理、数据分析和决策等方面的技术。

（二）生产技能提升方案

当前国内各级政府和农业农村部门开展了大量的农业技术培训项目，通过组织培训班、讲座、示范等形式，向农民推广先进的农业生产技术和管理经验，帮助他们提升生产技能。在各地建设了农业科技示范基地，展示先进的种植、养殖、农机具使用和维护等技术，向农民展示并推广先进的生产技能。同时在农村地区建设了一些农村技能培训中心，提供农业生产技能培训课程，包括农业生产技术、农机具使用和维护、农产品加工等方面的培训。还有些地方通过发展农民专业合作社、推广农业科技项目等方式，向农民推广新品种、新技术和新产品，帮助他们掌握新的生产技能。组织农民共同学习和掌握生产技能，实现技术共享和合作，提高整体生产技能水平。

农民的生产技能提升方案多种多样，在实际工作中，要根据不同地区和不同农业类型的实际情况进行选择。结合政府、农业机构和农民的合作，制订出更具体、更有效的农民生产技能提升方案。

1. 组织专业技术人员进行现场指导

政府或农业机构可以组织专业技术人员到农民的生产现场进行指导，帮助农民解决实际问题，掌握生产技能。

2. 开展农业技术培训课程

政府或农业机构针对不同的农业类型，开展相应的专业技能培训，如果蔬种植、畜禽养殖、水产养殖等。组织农民参加各类农业技术培训班、讲座、研讨会等，学习种植、养殖农业生产技术的同时，结合省市要求，开展专项行动，包括稳粮保供、农机具使用和维护、农产品加工、农业生态环境保护等方面的先进技术和管理经验，提高农民的生产技能水平。

3. 建立农业技术示范基地

在农村地区建立农业技术示范基地，展示先进的种植、养殖、农机具使用和维护等技术，吸引农民前来学习参观，安排农民参观农业科技示范基地，学习先进的种植、养殖技术，并在实地操作中提升生产技能。

4. 推广农业科技成果

政府或农业机构可以推广农业科技成果，向农民介绍新品种、新技术和新产品，帮助他们掌握新的生产技能。

5. 农村技能培训中心课程学习

鼓励有条件的地区建设农村技能培训中心，作为农村常设机构，为农民提供种植、养殖、农产品加工等方面的培训课程，提升其生产技能水平。

6. 发展农民合作社

通过发展农民合作社，组织农民共同学习和掌握生产技能，实现技术共享和合作，提高整体生产技能水平。

7. 提供技术咨询和服务

政府或农业机构可以为农民提供技术咨询和服务，解答他们在生产中遇到的问题，帮助他们提升生产技能。

通过以上方式，可以帮助农民掌握先进的生产技能，提高生产效率和质量，增加农民收入，推动农业可持续发展。同时，政府和农业机构也应该采取相应的措施，建立健全的农业技术培训体系，提高农民的生产技能水平。

二、农村电商技能：学习农村电商知识，拓展农产品销售渠道

近年来，我国农村电子商务得到了迅猛发展，已经成为推动农村经济转型升级和助力乡村振兴的重要力量。根据国家统计局的数据，截至 2022 年底，中国农村电子商务规模已经非常庞大，农村网络零售额达到了 2.17 万亿元，同比增长了 3.6%。其中，农村网络零售额占全国网络零售额的比重也在逐年增加，达到了 15.7%。此外，农村电商还带动了农产品上行、乡村旅游等产业的发展，促进了农民增收致富。以江苏省宿迁市为例，该市积极推进"一村一品一店"建设，推动特色农产品与电商平台对接，引导农民开设网店、直播带货等新型

销售方式，大大促进了农民收入持续增长。

这表明农村电子商务规模已经非常可观，并且在不断增长。随着政府对农村电商的政策支持、农村现代物流和支付体系的不断完善，以及农民对电商的认知和接受度的提高，农村电商的规模必将继续扩大。

大力发展农村电商，带动农产品销售，农民通过电商平台可以将自己的农产品直接销售给消费者，打破了传统的地域限制，扩大了销售范围，提高了产品的知名度和竞争力。通过电商平台销售农产品可以减少中间环节，提高销售效率，增加农民的收入。农民可以通过电商平台直接与消费者进行交易，获得更高的价格回报。同时可以促进农产品品牌化，通过电商平台，农民可以建立自己的品牌形象，提高产品的附加值，加强产品的差异化竞争优势，推动农产品品牌化发展。大力发展农村电商，还能促进农业结构调整，农民通过电商平台销售农产品，可以更加灵活地根据市场需求进行种植和生产，有利于促进农业结构调整，推动农业产业升级。大力发展农村电商，还能推动农村信息化发展，农民参与电商可以提高他们对市场信息的获取和应用能力，推动农村信息化水平的提升，促进农村经济的现代化发展。大力发展农村电商，可以加快乡村振兴战略步伐，农民发展电商可以带动当地农村经济的发展，增加就业机会，改善农村居民生活水平，推动乡村振兴战略的实施，对于促进农村经济发展和改善农民生活都具有重要意义。

（一）中国农村电子商务的现状和趋势

目前，中国农村电子商务的发展呈现出以下特点和现状。

1. 政策支持力度加大

中国政府出台了一系列扶持农村电商发展的政策，包括财政补贴、税收优惠、金融支持等，以推动农村电商的发展。

2. 农产品特色鲜明

农村电子商务的发展以农产品为主要交易品种，这些农产品具有地域特色和季节性特点，如特色水果、有机蔬菜、土特产等，因此在销售、物流和品牌打造等方面有其独特性。

3. 乡村淘宝、京东农村合作等平台发展迅速

一些知名的电商平台如阿里巴巴的乡村淘宝、京东的农村合作等，也在积极推动农村电商的发展，通过建立农村服务站点、培训农民电商技能等方式，加速农村电商的普及和发展。

4. 服务农民增收力度日益加大

农村电子商务的发展不仅是为了销售农产品，更重要的是通过电商平台为农民提供增收渠道，帮助他们提高销售效率和产品附加值。

5. 乡村振兴和扶贫导向明显

农村电子商务发展往往受到政府乡村振兴和扶贫政策的支持，通过电商平台帮助贫困地区的农产品销售，推动当地经济

发展，改善农民生活。

目前，我国农村电商发展方兴未艾，同时也出现了一些亟须解决的问题，首先是农村地区的物流配送和支付体系相对滞后，这给农村电商的发展带来了一定的挑战，今后需要加大对物流和支付体系的投入。其次是农民参与度相对不高，随着农村信息化水平的提升和政策支持的加大，农民对电商的认知和参与度逐渐提高，越来越多的农民开始通过电商平台销售自己的农产品。最后是供应链整合不充分，农村电子商务需要整合农产品的供应链，包括农民、种植基地、物流配送等环节，以确保产品的质量和新鲜度，同时提高效率和降低成本。

农村电商的发展趋势是多元化、品牌化、线上线下融合、服务升级和社会责任感增强。随着互联网技术的进步、政策的支持和农村物流的改善，越来越多的农产品电商平台涌现出来，为农产品销售提供了更多的渠道。这些平台不仅提供了线上销售的机会，还为农民提供了线下物流和仓储等支持服务，农村电商会在未来发挥更加重要的作用。

（二）农村电子商务技能内容

在农村地区，农民文化水平相对城市地区较低，尤其是中老年农民，对现代信息技术抵触是一个普遍存在的问题，他们更多地依赖传统的农产品销售方式，如农贸市场和中间商，不会利用信息手段去搜集利用农产品的价格、市场需求等信息，很难开展电子商务活动。因此有必要在农村开展电子商务，吸引更多年轻人留在农村创业就业，促进农村信息化水平的提升，推动农村全面融入数字经济时代。

那么掌握哪些技能，可以帮助从事农村电子商务的人员更好地开展业务呢？

一是电子商务基础知识和平台运营技能。通过学习和实践这些知识及技能，可以帮助农村电商从业者更好地理解电子商务的运营模式和特点，提升农产品的线上销售能力。理解电子商务的定义、特点、发展历程等基本概念。了解电子商务的基本概念、发展历程、商业模式、市场趋势等。熟悉相关政策法规，包括国家和地方对农村电子商务的支持政策。掌握农产品的季节性、鲜活性、保鲜运输等特性，为电子商务运营提供基础知识。熟练掌握各种电子商务平台的注册、产品上传、订单管理、客户服务等操作技能。掌握电商平台的注册、店铺开设、商品上架、订单管理等基本操作。了解农产品的物流配送，包括保鲜包装、冷链运输等技术要点。

二是农产品质量管理及营销策略。通过合理的质量管理和营销策略，可以提升农产品在电商平台上的竞争力，实现更好的销售业绩。了解农产品质量管理的相关知识，包括采摘、包装、储存、运输等环节的质量控制，保证农产品在运输过程中的新鲜度和安全性；合理规划仓储管理，确保产品储存条件符合要求。建立健全的农产品采购渠道，确保产品质量可控；建立品质控制标准，保证产品的质量和安全。学习农产品的营销策略，包括定价策略、促销活动、产品包装、品牌推广等。能够设计符合电商销售要求的产品包装，注重包装的美观性和产品信息的清晰度；标识农产品的产地、品种、质量等信息，提升产品的美誉度。明确农产品的定位和特色，寻找产品的差异化优势，制订相应的营销策略。开拓多种销售渠道，包括电商平台、线下门店、批发市场等，提升产品的曝光度和销售渠道的多样性。掌握电商营销推广技巧，包括内容营销、社交媒体营销、搜索引擎优化等。

三是农产品电商物流配送技能。农产品电商物流配送技能可以帮助农产品电商从业者更好地掌握物流配送的关键技术和管理方法，提高农产品的物流配送效率和质量。学习农产品电商物流管理的基本知识，包括快递物流选择、包装规范、配送管理等，以确保农产品能够快捷高效及时准确地送达客户手中。了解冷链物流的基本原理和技术要点，包括冷藏、冷冻、保鲜等技术，确保农产品在运输过程中的新鲜度和安全性。学习农产品的保鲜包装技术，包括采用透气性好的包装材料、采用冷藏保鲜技术等，确保产品在运输过程中保持新鲜。了解物流成本的构成和影响因素，学习如何优化物流配送路线、降低物流成本，提高物流效率。学习合理规划仓储管理，包括农产品的储存条件、仓库管理和库存管理等，确保产品在仓储过程中的质量和安全。了解物流合作的方式和运输管理的要点，包括选择合作的物流公司、合理安排运输计划等。

四是农产品供应链管理技能。通过学习和实践这些技能，可以帮助农产品供应链管理人员更好地掌握供应链管理的关键技术和管理方法，提高农产品供应链的效率和质量。了解农产品供应链的基本流程，包括生产、加工、储存、运输等环节管理，如何优化供应链以提高效率和降低成本。了解农产品采购的基本原理和流程，包括供应商选择、采购合同管理、采购成本控制等。学习如何建立和维护与供应商的良好关系，包括供应商评估、供应商绩效考核、供应商协商等。熟悉农产品库存管理的基本原理和方法，包括安全库存水平的确定、库存周转率的控制、库存成本的管理等。学习农产品物流管理的基本知识，包括运输方式选择、运输路线规划、运输成本控制等。同时学习如何识别和评估农产品供应链中的各种风险，包括市场风险、供应商风险、质量风险等，以及采取相应的风险管理措施。掌握数据分析技能，最后熟练掌握如何通过数据分析来优化供应链管理决策，提高供应链的效率和灵活性。

五是数据分析、电子支付和结算技能。通过学习和实践这些技能，可以帮助农村电商从业者更好地掌握数据分析、电子支付和结算的关键技术与管理方法，提高农村电商的运营效率和用户体验。能够通过数据分析工具对业务数据进行整理和分析，以了解市场趋势、客户需求和市场竞争状况；了解电子支付和结算的相关知识，包括支付方式选择、安全性管理、结算流程等，为业务决策提供数据支持。了解各种电子支付方式，包括支付宝、微信支付、银联在线支付等，以及移动支付、扫码支付、线上支付等不同形式的电子支付方式。学习如何收集农村电商交易数据、用户数据等，并进行整理和清洗，以便进行后续分析。针对支付安全与风险管理，学习如何保障电子支付的安全性，包括风险识别、欺诈防范、支付安全技术等。掌握如何通过数据分析技术对用户行为进行分析，包括用户偏好、购买行为、流失预测等，以便进行个性化营销和服务。

六是客户关系管理技能。通过学习客户管理技能，电子商务从业者可以更好地管理客户关系，提升客户满意度和忠诚度，从而实现持续的业务增长和盈利。学习如何收集、整理和存储客户数据，包括个人信息、购买记录、行为数据等，以建立完整的客户档案。掌握如何通过客户数据进行个性化营销，包括定制化推荐、个性化促销活动、精准广告投放等，以提高客户满意度和购买转化率。了解客户服务管理的基本原则和方法，包括客户投诉处理、售后服务管理、客户满意度调查等，以提升客户体验和忠诚度。学习如何通过社交媒体与客户进行互动和沟通，包括社交媒体营销、社群运营、用户评论管理等，以提高客户参与度和品牌影响力。具备客户关系管理的基本能力，培养良好的客户服务意识，通过与客户沟通需求、处理客户投诉、售后服务、客户关系维护等，提高客户满意度和忠诚度。

（三）农村电商技能提升方案

推动农村电商发展，需要政府、企业、农民多方施策，共同推进，采取一系列措施来支持和促进。

政府层面，通过多部门联动，多措并举，协同推进农村电子商务的发展，提升农村经济的活力和竞争力，实现农村电商与城市电商的协同发展，推动农村经济的数字化转型和升级。

农民层面，通过提升自身的电子商务能力和竞争力，促进农村电商的发展和繁荣，实现农村经济的数字化转型和升级。

三、乡村旅游开发能力：挖掘乡村旅游资源，提升旅游服务水平

2023 年中央一号文件锚定乡村振兴，围绕 9 个方面做出针对性部署。其中，在推动乡村产业高质量发展方面，提出要"实施乡村休闲旅游精品工程，推动乡村民宿提质升级"。2021年，农业农村部发布的《关于拓展农业多种功能　促进乡村产业高质量发展的指导意见》明确指出，发挥乡村休闲旅游业在横向融合农文旅中的连接点作用，以农民和农村集体经济组织为主体，联合大型农业企业、文旅企业等经营主体，大力推进"休闲农业+"，突出绿水青山特色、做亮生态田园底色、守住乡土文化本色，彰显农村的"土气"、巧用乡村的"老气"、焕发农民的"生气"、融入时代的"朝气"，推动乡村休闲旅游业高质量发展。

（一）乡村旅游的概念

乡村旅游特指在乡村地区开展的，以特有的乡村人居环境、乡村民俗文化、乡村田园风光、农业生产及其自然环境为

基础的旅游活动，即以具有乡村性的自然和人文客体为旅游吸引物的旅游活动属于环境旅游范畴，以具有乡村性的人文客体为吸引物的旅游活动属于文化旅游范畴。所以，乡村旅游包括了乡村性的环境旅游和乡村民俗文化旅游。在某一乡村地区开展乡村旅游活动，活动内容究竟是以环境旅游为主，还是以文化旅游为主，取决于该地区的本质特征。乡村旅游始于法国，其最初的发展是欧美度假旅游发展的一种空间选择。始于一群贵族到乡村度假，品尝野味，乘坐独木船，与当地农民同吃同住。通过这些活动，他们重视了大自然，加强了城乡居民之间的交往。后来，各国相继有了乡村旅游。至 20 世纪 80 年代后，欧美乡村旅游已走上规范发展的轨道，显示出极强的生命力和越来越大的发展潜力。

（二）乡村旅游的特点

1. 乡土性

乡村旅游是从乡村发展而来的，其乡土性是吸引众多都市游客的重要因素之一，吃农家饭、住农家舍、体验农家情都是乡村旅游开发的重要项目依托，所以乡土性是乡村旅游独一无二的特性之一。

2. 地域差异性

乡村旅游资源形态各异，且大多以自然风貌、劳作形态、农家生活和传统习俗为主，受季节、气候和水土的影响较大，因此乡村旅游时间差的可变性、布局的分散性，可以满足游客多方面的需求。

3. 项目多样性

乡村旅游不仅指单一的观光游览项目，还包括观光、娱乐、民俗等多功能、复合型旅游活动。乡村旅游的复合型导致游客在主题行为上具有很大程度的参与性，如垂钓、划船、捕捞、娱乐、参与劳作活动等。乡村旅游重在体验，能够体验乡村的民风民俗、农家生活和劳作形式，在劳动的欢愉之余，还可购得满意的农副产品和民间工艺品。

4. 游客来源明确性

开阔的农村大地是乡村旅游的目的地，对于那些生活在高楼大厦里，不知农村烟火的大城市人们来说，他们的旅游兴趣较大，故其为乡村旅游的主要目标客源。随着国内旅游的兴盛，乡村游的市场需求逐步增长。城里人希望摆脱高楼峡谷、水泥森林，缓解工作、高负荷的压力，满足怀旧和对自然的向往的需求。

5. 旅游费用低廉性

由于乡村旅游的背景发生在乡村，旅游活动内容也以乡村自然风光和乡村生活的观光或体验为主，而旅游的接待者主要是农民，这就使乡村旅游与其他旅游形式相比成本比较低。相应地，乡村旅游消费也就低廉。

6. 参与体验性

乡村旅游中，游客们自身的参与性比较强，游客们可以充

分地感受到农家乐、亲身去体验农民的劳动过程，深切地去融入当地的民风民俗中，还能买到新鲜的民间手工艺品和农副产品。

7. 短时短距性

乡村旅游针对的主要是周边的城镇市场，因此旅行的距离较短，不同于一般性的中长线休闲度假。

8. 民情风俗性

我国民族众多，各地自然条件差异悬殊，各地乡村的生产活动、生活方式，民情风俗、宗教信仰、经济状况各不相同。就民族而言，我国有 56 个民族，如云南的傣乡、贵州的苗乡、广西的壮乡、湖南的瑶乡、海南的黎乡、新疆的维乡、浙江的畲乡、西藏的藏乡等都具有引人入胜的民俗风情景观。

9. 乡土艺术性

我国的乡土文化艺术古老、朴实、神奇，深受中外游人的欢迎。如盛行于我国乡村的舞龙灯、舞狮子，陕北农村的大秧歌，东北的二人转，西南的芦笙盛会，广西的"唱哈"会，里下河水乡的"荡湖船"等脍炙人口。

10. 乡村传统劳作性

乡村传统劳作是乡村人文景观中精彩的一笔，这些劳作诸如水车灌溉、驴马拉磨、老牛碾谷、木机织布、手推小车、石臼春米、鱼鹰捕鱼、摘新茶、采菱藕、做豆腐、捉螃蟹、赶鸭群、牧牛羊等，充满了生活气息，富有诗情画意，使人陶醉流连。

11. 政策支持性

2015—2023 年的中央一号文件中，曾多次涉及乡村旅游相关内容。2021 年中央一号文件重点提到了"休闲农业""乡村旅游精品线路"和"实施数字乡村建设发展工程" 3 项内容。因此，乡村旅游成了国家各个层面政策支持的重要经济项目。

12. 可持续发展性

由于现代乡村旅游融乡村自然意象、文化意象和现代科技于一体，旅游发展与农业生产于一体和城市旅游与乡村旅游于一体，因而是可持续旅游。

（三）乡村旅游的发展意义

发展乡村旅游是深挖农业资源禀赋优势、打造特色农产品品牌的需要。

发展乡村旅游是拓展农业产业链、提升农产品价值链的最终结果。

发展乡村旅游是提高农业多功能认知、开发乡村产业振兴新动能的必然要求。

发展乡村旅游可推进一二三产业高效融合，促进乡村产业高质量发展。

（四）乡村旅游开发能力内容

乡村旅游的开发能力包括多个方面，主要涉及以下几个

方面。

1. 景观资源开发能力

景观资源开发能力是指对自然景观、人文景观等资源进行挖掘、整合和开发的能力。在乡村旅游中，景观资源是吸引游客的重要因素之一，因此对景观资源的开发能力非常重要，可以全面提升乡村旅游的景观资源开发能力，增强乡村旅游的吸引力和竞争力，实现乡村旅游的可持续发展。包括乡村自然风光、人文景观等资源的挖掘、整合和开发能力，例如山水田园、乡村风貌、特色建筑等，通过对乡村中的自然景观、人文景观等资源进行挖掘、整合和评估，确定具有吸引力和开发潜力的景观资源。

2. 旅游基础设施建设能力

要开展好乡村旅游，基础设施建设必不可少，包括对乡村旅游资源进行评估、规划和设计，确定基础设施的布局和建设方案，组织协调各类建设资源，进行项目管理和施工监督，确保基础设施建设按时按质完成；对基础设施进行后期运营管理和维护，确保设施的长期稳定运行；对乡村旅游区域环境进行保护和治理，确保基础设施建设对环境的影响降到最低；在道路交通、停车场、厕所、餐饮住宿等进行基础设施建设，并增强信息化设施和服务设施的配套能力。

3. 乡村旅游产品开发能力

包括特色旅游线路、旅游项目、农家乐、特色美食、手工艺品等产品的开发和设计能力。在乡村旅游产品开发中，要根据乡村的地理、人文、自然资源，设计各种类型的旅游线路，如生态游、农家乐体验游、文化探访游等。同时要开发乡村特色的住宿和餐饮产品，如农家乐、民宿、乡村餐厅等，提供符合游客需求的住宿和饮食体验，增强旅客的消费好奇心和吸引力。还要开发乡村文化体验产品，如传统民俗表演、手工艺品制作体验等，让游客了解当地的乡土文化。

4. 乡村旅游服务能力

包括接待、导游、讲解、安全保障、旅游咨询等服务的提供和管理能力，要因地制宜，根据不同的地域特点和游客定位，开展不同的服务。提供符合乡村特色的住宿选择，如民宿、农家乐、乡村酒店等。提供乡村旅游区域的交通指引、租车服务、接送服务等。提供游客所需的旅游咨询服务，解答游客的疑问，提供旅游线路规划等服务。提供游客的安全保障，包括安全宣传、安全设施建设等。

5. 乡村旅游市场开发和营销能力

目标市场分析：了解目标市场的需求、偏好、消费能力等，确定乡村旅游产品的定位和推广策略，包括市场调研、产品定位、营销策划、宣传推广、渠道拓展等能力。建立多样化的销售渠道，如旅行社、OTA 平台、直销等，提高产品的销售量和知名度。根据市场需求和产品特点，制订合理的价格策略，提高产品的性价比和市场占有率。通过数据分析和市场反馈，不断优化产品和营销策略，提高市场占有率和盈利能力。最后通过各种渠道，如互联网、社交媒体、旅游展会等，进行

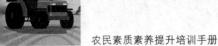
乡村旅游产品的宣传推广，吸引游客关注和参与。

6. 乡村旅游管理能力

制订乡村旅游发展规划，包括乡村旅游资源调查评估、规划编制、产业布局等，为乡村旅游的可持续发展提供战略指导。整合乡村旅游资源，包括自然景观、人文景观、历史文化等，提升乡村旅游的吸引力和竞争力。建立健全的乡村旅游安全管理体系，包括安全宣传教育、安全设施建设、应急预案等，确保游客的安全。提高乡村旅游产品和服务的品质，包括培训员工、管理服务流程、提升服务水平等，提升游客满意度。协调乡村旅游发展与当地社区利益的平衡，促进乡村旅游与当地居民的互利共赢，包括景区规划管理、环境保护、安全管理、危机处理等管理能力。

7. 乡村旅游人才培养和队伍建设能力

对乡村旅游产业发展需求进行分析，明确不同岗位的人才需求和能力要求。制订乡村旅游人才培养规划，包括培训目标、培训内容、培训方式等，为乡村旅游人才培养提供战略指导。建立乡村旅游相关专业课程体系，包括旅游管理、乡村规划、乡村营销、乡村服务等，培养符合乡村旅游需求的专业人才。培养和引进乡村旅游领域的专业师资，提高教学水平和培训质量。加强与乡村旅游行业企业的合作，建立校企合作机制，促进人才培养与实际需求的对接，包括培训、人才引进、队伍建设、服务质量提升等方面的能力。

8. 乡村旅游产业融合发展能力

通过不同产业的融合发展，可以实现乡村旅游产业的多元化、全方位发展，提升乡村旅游的吸引力和竞争力。促进农业与旅游业的融合发展，推动农业观光、农家乐、采摘旅游等多种形式的农业旅游业态。挖掘乡村文化资源，开发文化体验项目，推动文化遗产保护与旅游开发相结合。挖掘乡村传统工艺，开发工艺体验项目，推动乡村工艺与旅游的融合发展。发展乡村民宿业务，提供住宿服务，推动农家乐、客栈等形式的乡村旅游住宿业态。推动数字化乡村旅游产品开发，利用互联网、大数据等技术手段提升乡村旅游体验，包括与农业、文化创意、体育休闲等产业的融合发展能力。

（五）乡村旅游开发能力提升方案

培育和提升乡村旅游开发能力是一个综合性的过程，需要从多方面、多层次进行培训和支持。

站在乡村层面，需要综合考虑地方资源、文化传承、基础设施建设、宣传推广等方面，有效促进乡村旅游业的健康发展，带动当地经济增长，改善农民收入，实现乡村振兴。

一是要做好资源整合与规划。对当地的自然景观、人文历史、民俗风情等旅游资源进行全面调查和评估，制订乡村旅游发展规划，合理整合资源，确立发展方向。

二是做好基础设施建设。加强基础设施建设，包括道路交通、酒店住宿、餐饮服务、卫生设施等，提升乡村旅游的接待

和服务水平。

三是保护和传承文化遗产。保护和传承当地的历史文化遗产和民俗风情，开展相关文化活动和体验项目，吸引游客参与。

四是开展农家乐和特色民宿。鼓励农户开展农家乐和特色民宿业务，提供农家饭菜、乡村体验、民俗表演等服务，丰富游客的乡村旅游体验。

五是旅游产品开发。开发具有当地特色的旅游产品，如农业观光、采摘体验、手工艺品制作等，丰富游客的旅游内容。

六是宣传推广与营销。加强乡村旅游的宣传推广工作，利用互联网、社交媒体等平台，进行线上线下的宣传推广活动，提升乡村旅游的知名度和吸引力。

七是做好人才培训与服务提升。加强乡村旅游从业人员的培训，提升服务水平和专业素质，为游客提供更好的旅游体验。

八是政策支持与资金扶持。政府可以出台支持乡村旅游发展的政策，提供资金扶持、税收优惠等支持措施，鼓励和引导更多投资者和农民参与乡村旅游开发。

站在农民层面，帮助农民提升乡村旅游开发能力，需要从多个方面进行培训和支持，从而更好地参与乡村旅游业的发展，实现农民增收和乡村振兴的目标。

一是充分利用好培训课程。开展乡村旅游开发相关的培训课程，包括乡村旅游规划与设计、客户服务技能、旅游产品开发、宣传推广等内容，提升农民的专业知识和技能。

二是实地考察学习，充分复制借鉴先进地区经验做法。组织农民参观学习其他地区成功的乡村旅游案例，与其他地区的乡村旅游从业者进行合作交流，分享经验和资源，学习先进的管理和服务理念，了解其他地方的经验和做法，激发学习动力。

三是指导和辅导。为农民提供专业的指导和辅导，帮助他们了解乡村旅游发展的流程和要点，解决实际问题和困难。

四是善于利用政府激励政策。了解政府的出台激励政策，积极参与乡村旅游开发，如提供培训补贴、创业扶持、税收优惠等支持措施。

五是开展资源整合。学习整合当地的自然资源、人文资源和农业资源，开发具有地方特色的乡村旅游产品，提高产品的市场竞争力。

六是学习宣传推广。掌握如何利用互联网、社交媒体等渠道进行乡村旅游产品的宣传推广，提升产品的知名度和吸引力。

七是提升品质管理意识。培训农民提供优质的服务，包括客房管理、餐饮服务、导游解说等，提升乡村旅游的服务品质。

四、农产品营销能力：了解市场需求，提高农产品营销水平

农产品营销能力是指农民在销售其农产品时所展现出的

能力和技巧，直接关系农民的收入和农业的发展。当前农产品市场营销的特点主要包括注重品质和安全、注重线上渠道、注重社交媒体、注重差异化和个性化以及注重国际市场。农产品企业需要根据市场的变化和需求的变化，不断地调整和完善自己的营销策略，以满足消费者的需求，赢得市场的竞争。

随着中国经济的快速发展和农产品市场的发展壮大，消费者对于食品安全和健康的关注度也不断提高，品质和安全已经成了消费者选择农产品的首要因素。消费者不再只关注价格和外观，而是更加注重产品的质量和安全性。因此，农产品生产者和销售商需要认识到这一点，并致力于提供高品质、安全的农产品。近年来，食品安全事件时有发生，如瘦肉精、地沟油等问题频发，严重影响了人们对农产品的信任度。因此，消费者更加注重食品的安全性，他们希望购买的农产品不含有害物质，不会对自己和家人的健康造成影响。而高品质的农产品不仅口感好，而且营养更加丰富，能够满足人们对美味和健康的追求。

品质和安全也是农产品国际贸易的重要壁垒。随着全球化的深入发展，农产品国际贸易日益频繁。然而，许多国家和地区对进口农产品的品质和安全提出了更高的要求，包括食品添加剂、农药残留等方面。如果农产品不能达到进口国的标准，就无法进入对方市场，影响了农产品的出口贸易。因此，农产品生产者和出口商需要重视产品的品质和安全，提高生产技术水平，符合国际标准，才能够在国际市场上立足。

（一）提升农民农产品营销能力的重要性

在当今竞争激烈的市场环境中，提升农民的农产品营销能力对于促进农业的发展、增加农民的收入、促进农村经济的发展具有重要的意义。我们应该采取切实可行的措施，加强对农民的培训和支持，推动农产品营销能力的提升，为我国农业的发展和农民的脱贫致富做出积极的贡献。

首先，提升农民的农产品营销能力可以增加农民的收入。目前，我国的农业生产大多数还处于小规模、散户经营的状态，农民对市场的认识和了解程度有限，很难有效地进行农产品的销售。如果农民能够提升农产品营销能力，就可以更好地了解市场需求，制订更合理的销售策略，提高农产品的附加值，从而增加农民的收入。

其次，提升农民的农产品营销能力可以促进农业的发展。随着我国经济的快速发展，市场需求不断增加，农产品的销售市场也越来越广阔。如果农民能够提升农产品营销能力，就可以更好地开拓市场，扩大销售渠道，推动农业生产的规模化、专业化和现代化发展。

最后，提升农民的农产品营销能力可以促进农村经济的发展。农村是我国经济的重要组成部分，提升农民的农产品营销能力可以增加农村居民的收入，改善农村居民的生活水平，促进农村经济的繁荣和发展。

（二）提高农产品营销能力

农产品营销能力包括市场分析能力、产品包装和品牌营销能力、销售谈判和沟通能力、营销渠道拓展和销售管理能力等多个方面。提高这些方面的能力可以帮助农民更好地销售自己的农产品，提高销售收入，以适应市场需求，实现农产品的良性循环发展。

1. 市场分析能力

农民需要具备对市场需求、价格趋势、竞争对手等方面的分析能力，以更好地适应市场变化，提高农产品的竞争力，实现经济效益最大化。首先，农民需要具备对市场需求的分析能力。了解市场需求是农民决定种植、养殖农产品的重要依据。通过对市场需求的分析，农民可以选择适合市场需求的农产品进行种植或养殖，提高农产品的销售率和市场竞争力。同时，农民还需要根据市场需求调整种植或养殖的规模和结构，以满足市场的需求。其次，农民需要具备对价格趋势的分析能力。农产品的价格是农民收益的重要因素，了解价格趋势可以帮助农民做出更加明智的决策。通过对价格趋势的分析，农民可以选择适合的时机进行销售，避免价格波动对收益的影响。同时农民还可以根据价格趋势调整农产品的生产成本，提高农产品的盈利能力。最后，农民还需要具备对竞争对手的分析能力。了解竞争对手的生产规模、销售策略、产品质量等方面的信息，可以帮助农民更好地制订自己的生产和销售策略，提高市场竞争力。通过对竞争对手的分析，农民可以找到自己的竞争优势，并加以发挥，从而在激烈的市场竞争中脱颖而出。

2. 产品包装和品牌营销能力

良好的产品包装和品牌营销能够提高农产品的附加值，增加产品的吸引力，从而更好地吸引消费者的注意力，提高产品的销售量。产品包装和品牌营销能力是现代商业中不可或缺的一部分。好的产品包装设计可以提升产品的销售量和品牌形象，良好的品牌营销能力可以让企业在市场中立于不败之地。农民需要具备一定的产品包装和品牌营销能力，这样才能够更好地推广自己的农产品，从而在激烈的市场竞争中取得更大的成功。第一，产品包装在品牌营销中扮演着至关重要的角色。一个好的产品包装设计可以让产品在众多同类产品中脱颖而出，吸引消费者的眼球。通过包装上的独特设计、醒目的标识和吸引人的色彩搭配，可以有效地吸引消费者的注意力，引起他们的购买欲望。产品包装也是品牌形象的重要组成部分。通过包装设计，消费者可以直观地感受到产品的品质和品牌的形象，从而建立起对品牌的信任和认可。产品包装得当还可以保护农产品的品质和新鲜度，延长农产品的保质期。产品包装的设计和制作需要注重细节和质量，以满足消费者的需求和期望。此外，产品包装还需要符合国家相关法律法规和标准，以确保农产品的安全和卫生。第二，品牌营销能力对于企业的发展也是至关重要的。一个成功的品牌营销策略可以让企业在激烈的市场竞争中脱颖而出，赢得消费者的青睐。品牌定位是品牌营销的核心，企业需要清晰地定义自己的品牌定位，找准自己的目标消费群体，并有针对性地进行宣传和推广。传播渠道的选择也是品牌营销中至关重要的一环，企业需要选择适合自己的传播渠道，将品牌形象和产品信息传达给目标消费者。第三，宣传策略的制订也是品牌营销中不可忽视的一部分，企业需要根据自身的特点和市场需求，制订出符合实际情况的宣传策略，让消费者更加了解和认可自己的品牌。

3. 销售谈判和沟通能力

在销售农产品的过程中，农民需要和买家、中间商及其他合作伙伴进行有效的沟通和谈判，包括协商价格和交货条件。农民的销售谈判和沟通能力涉及多个方面的内容，包括产品知识、市场洞察力、谈判技巧和人际关系管理等。一是农民需要具备丰富的产品知识。他们需要了解自己所生产的农产品的特点、品质、产地和生产过程等信息。这样他们在与买家或中间商进行谈判时，可以清晰地向对方介绍产品的优势和特点，增加产品的吸引力和竞争力。同时，对产品的了解也可以帮助农民更好地进行定价，确保产品能够以合理的价格销售。二是在销售谈判和沟通中需要具备市场洞察力。必须充分了解市场的需求和趋势，以便调整自己的生产计划和销售策略。通过了解市场需求，农民可以更好地选择适合市场的农产品种植，提高产品的市场竞争力。同时，他们还需要关注市场价格的波动，及时调整自己的销售策略，以应对市场的变化。三是良好的谈判技巧。在与买家或中间商进行谈判时，农民需要善于倾听对方的需求和意见，同时也要清晰地表达自己的立场和要求。他们需要灵活运用各种谈判技巧，如互惠互利、沟通协商和解决问题等，以达成双方都满意的交易。而且，农民还需要具备一定的应变能力，及时调整谈判策略，以应对谈判中的各种情况。四是具备良好的人际关系管理能力。他们需要与买家、中间商和其他合作伙伴保持良好的合作关系，建立信任和互利共赢的合作模式。在谈判和沟通过程中，农民需要注重维护自己的声誉和形象，以及时解决合作伙伴之间的矛盾和分歧，确保合作关系的稳定和可持续发展。

4. 营销渠道拓展和销售管理能力

随着市场竞争的日益激烈，农民需要不断提升自己的营销和销售管理能力，以便更好地将自己的农产品推向市场，拓展销售渠道，寻找更多的销售机会，提高农产品的市场覆盖面的同时，合理安排生产和销售，确保产品的质量和供应稳定。首先，农产品的销售需要通过各种方式进行推广，包括线上线下的宣传推广、参加农产品展销会等。农民需要学会利用互联网和社交媒体等新兴渠道，提升产品的知名度和美誉度，吸引更多的消费者。此外，农民还需要学会利用各种营销手段，如促销活动、赠品赠送等，吸引消费者的眼球，提高产品的竞争力。其次，农民需要具备供应链管理能力。农产品的销售需要经过一系列的流程，包括生产、采购、加工、物流等。农民需要学会协调和管理好这些环节，保证产品的质量和供应的及时性。此外，农民还需要与各种销售渠道建立良好的合作关系，如超市、餐饮企业等，以便更好地将产品推向市场。再次，农民需要具备销售管理和客户服务能力。销售管理包括订单管理、库存管理、销售数据分析等，农民需要学会利用各种信息化工具，提高销售效率和管理水平。最后，农民还需要学会提供优质的客户服务，包括及时回复客户咨询、处理投诉、提供售后服务等，提升客户满意度，保持客户忠诚度，实现农产品的良好销售和可持续发展。

（三）农产品营销能力提升方案

农产品营销是农民增加收入的重要途径，然而，由于农民缺乏相关的营销知识和技能，使得许多农产品无法有效销售，从而影响了农民的收入。提升农民的农产品营销能力需要政府、农民、合作社、农业企业和社会各界的共同努力，多方合作，共同推动农产品营销能力的提升，才能够实现农产品的有效销售，增加农民的收入，促进农业经济发展。

政府层面，加大对农产品营销的扶持力度，通过制订相关政策和推出相应的补贴措施，鼓励和引导农民参与农产品营销。

农民层面，通过参加相关的培训课程或参与专业的农产品营销培训项目，提升自己的营销知识和技能。

第三节　农民社会能力的培养提升

农民的社会能力是农民在社会交往和社会活动中所表现出来的能力和素质，包括社会交往能力、团队协作能力（即社会适应能力）、公共事务参与能力（即社会责任感和公民意识）和创新创业能力等方面。提高农民的社会能力，不仅有利于农民个人的发展和进步，也有利于农村社会的稳定和发展，对于建设美丽乡村、实现乡村振兴具有重要的意义。

农民的社会能力主要包括以下几个方面。

一是社会交往能力。农民在日常生活中需要与各种人群进行交往，包括家庭成员、邻居、同事等。良好的社会交往能力可以帮助农民建立良好的人际关系，增进彼此之间的信任和理解，从而更好地解决生活和工作中的问题。此外，农民还需要与政府部门、企业机构等进行交流和合作，这就需要他们具备一定的社会交往能力，能够有效地表达自己的意见和需求，与他人进行合作和协商。

二是团队协作能力（即社会适应能力）。农村社会的变革和发展日新月异，农民需要具备良好的团队协作能力和社会适应能力，能够适应社会的变化和发展。他们需要不断学习新知识、新技能，适应新的生活和工作环境，同时也需要适应社会的规范和价值观念的变化。只有具备良好的社会适应能力，农民才能更好地融入社会，参与社会活动，实现自身的发展和进步。

三是公共事务参与能力（即社会责任感和公民意识）。农民是国家的建设者和守护者，他们需要具备一定的社会责任感，为社会的发展和进步贡献自己的力量。同时，他们也需要具备良好的公民意识，遵纪守法，尊重他人，积极参与社会公益活动，为社会的和谐稳定做出贡献。只有具备了良好的社会责任感和公民意识，农民才能更好地履行自己的社会角色，为社会的发展和进步做出应有的贡献。

四是创新创业能力。农民在面对市场变化和经济发展的挑战时，能够运用自身的资源和技能，积极寻求新的商机和发展机会。农民的创新创业能力是农村经济发展的重要保障。只有不断提升农民的创新创业能力，才能够推动农村经济的发展，提高农民的生活水平。

农民是我国农村的主体，他们的社会能力培养直接关系农村社会的稳定和发展。农民社会能力培养的重要性体现在以下几个方面。首先，农民社会能力培养有助于提升农民的综合素质。通过社会能力培养，农民可以提升自身的综合素质，具备良好的沟通能力、协调能力和组织能力，更好地适应社会的发展。其次，农民社会能力培养有助于促进农村社会的和谐稳定。在现代社会，农村社会也面临着各种各样的社会问题和挑战，如农村土地流转、农民工返乡创业等。农民社会能力培养可以帮助农民更好地理解社会的发展变化，增强社会责任感和社会参与意识，促进农村社会的和谐稳定。最后，农民社会能力培养有助于提升农村社会的发展活力和内生动力。农村社会的发展需要有一支具备创新能力和发展能力的农民队伍。通过社会能力培养，农民可以更好地适应社会的发展需求，增强创新意识和发展意识，为农村社会的发展注入新的活力。

一、社会交往能力：提高沟通技巧，建立良好的人际关系

农民的社会交往能力是指农民在社会中与他人交往和沟通的能力，主要包括情商、沟通能力、合作能力、领导能力等多个方面。随着社会的发展和变革，农民的社会交往能力也变得越来越重要。培养农民的社会交往能力不仅有利于他们个人的发展，也对农村社会的发展具有重要意义。

培养农民的社会交往能力有助于提高他们的就业竞争力。随着城乡一体化的推进，农民进城务工或从事其他行业的机会越来越多。而良好的社会交往能力是他们在城市工作和生活中必不可少的素质。只有具备良好的沟通能力、团队合作能力和人际关系处理能力，农民才能在城市中立足并获得更好的发展机会。

培养农民的社会交往能力有助于促进农村社会的发展。农村社会的发展需要各种资源和支持，而良好的社会交往能力可以帮助农民获取更多的资源和信息。通过与外界的交流和合作，农民可以获得更多的技术支持、市场信息和政策支持，从而提高农村经济的发展水平。

培养农民的社会交往能力还有助于增强社会凝聚力和稳定性。良好的社会交往能力可以促进农民之间的相互理解和合作，减少农村社会中的矛盾和冲突。同时，农民在社会交往中也能够更好地融入社会，增强对社会的认同感和责任感，从而促进社会的和谐发展。

我们应该认识到，要培养农民的社会交往能力并不是一件容易的事情。首先，需要加强农村社会的教育和培训，提高农民的社会交往意识和能力。其次，需要加强对农民的心理健康和情感管理的关注，帮助他们更好地适应社会交往的需求和挑战。最后，需要加强对农民的法律意识和权益保护，保障他们在社会交往中的合法权益和利益。

（一）社会交往能力内容

情商是农民社会交往能力的基础。情商是指个体在社会交往中处理情感的能力。农民需要具备处理情感的能力，能够理解和控制自己的情绪，同时也能够理解和体谅他人的情感。这样才能够在社会交往中保持良好的人际关系，避免因情绪问题导致的冲突和矛盾。此外，情商也包括对他人情感的敏感度和同理心，这对于农民在与他人交往中的沟通和合作至关重要。

沟通能力是农民社会交往能力的保障。农民需要能够清晰地表达自己的意见和想法，同时也需要能够倾听和理解他人的意见和想法。良好的沟通能力有助于农民与他人建立良好的互动关系，促进信息的交流和共享，有利于农民在社会中更好地融入和发展。

合作能力是农民社会交往能力的重要组成部分。良好的合作能力有助于农民与他人协调合作，共同完成各项工作，提高工作效率。同时，合作能力也有助于农民与他人建立良好的合作关系，促进共同发展。

领导能力是农民提升社会交往能力的重要补充。在农村社会中，农民需要具备一定的领导能力，能够组织和协调他人共同完成各项任务。良好的领导能力有助于农民在农村社会中发挥更大的作用，促进农村社会的稳定和发展。

（二）社会交往能力提升方案

近几年来，随着我国农村地区的不断发展和改革开放的不断深入，农民的社会交往越来越频繁。然而，许多农民在社交场合中往往缺乏自信，表达不清，时常被人忽视或嘲笑，这使得他们感到沮丧和无助。因此，提升农民的社会交往能力已成为当下需要解决的重要问题。

一是提升农民的自信心。许多农民由于长期在农村生活，缺乏与外界接触的机会，使得他们在社交场合中容易紧张和不自信。为了提高农民的自信心，我们可以通过开展自信培训和心理辅导，帮助农民形成良好的心理状态，这样他们就可以更自信地与人交流沟通。

二是提高农民的语言表达能力。在社交场合中，语言表达能力是非常重要的，它能够直接反映一个人的修养和素质。因此，我们应该在农村地区开展有针对性的语言培训，帮助农民

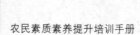

掌握基本的语言技巧和表达能力，使得他们在社交场合中更加从容自如。

三是将交际活动与文化教育相结合，通过传统文化的学习和体验来增强农民的社会交往能力。例如，可以组织农民们走访别的乡村或城市，亲身感受不同的文化氛围，同时通过互动与交流来增进彼此之间的了解和信任，从而提高农民的社会交往水平。

四是加强社会组织的建设与服务。政府、农业协会等社会组织应该密切关注农民的社会交往问题，通过开展各种形式的交际活动和志愿服务等方式，帮助农民增强社会交往能力，使其在社会生活中更加自信和有尊严。

二、团队协作能力：培养团队合作精神，提高协作效率

农业是国家的重要支柱产业，而农民作为农业生产的主体，其团队协作能力的重要性不言而喻。在现代农业生产中，农民需要不断提高自身的团队协作能力，以应对日益复杂的生产环境和市场竞争，团队协作能力可以提高农民的综合素质，增强农民的竞争力，使农民更加适应现代农业生产的需要，从而获得更好的发展机会。

农业生产现状要求农民具备良好的团队协作能力。随着农业生产方式的转变和科技的进步，现代农业生产已经不再是单打独斗的时代，而是需要农民之间相互合作、协调配合的时

代。例如，在农业生产中，不同的农民可能需要共同使用农机具、进行土地整合、共同承担风险等，这就需要农民具备良好的团队协作能力，才能更好地完成生产任务。

政府和农业农村部门应该加强对农民的培训和教育，提高农民的团队协作意识和能力。例如，可以组织农民参加团队协作的培训班，学习团队协作的技巧和方法，培养农民的团队协作意识。同时，农业农村部门可以加强农民合作社的建设，鼓励农民之间开展合作，共同承担风险，共同分享利益，从而增强农民的团队协作能力。

（一）团队协作能力内容

农民的团队协作能力是指农民在工作中与他人合作的能力，涉及沟通能力、灵活性、领导能力、团队精神、问题解决能力和决策能力等方面。在农业领域，团队协作是至关重要的，因为农民需要与其他农民、农业专家、政府机构和市场渠道等各种利益相关者合作，以确保农业生产的顺利进行和最终的成功。农民的团队协作能力包括以下几个方面。

1. 农民需要具备良好的沟通能力

农业生产中涉及各种各样的工作，而这些工作往往需要不同人员之间的有效沟通和协调。农民需要能够清晰地表达自己的想法和意见，同时也需要倾听和理解他人的意见，以便能够更好地与团队成员合作。

2. 农民需要具备灵活性和适应能力

农业生产受到天气、季节、市场需求等多种因素的影响，

因此农民需要能够灵活应对各种突发情况，及时调整工作计划和方法。同时，农民也需要能够适应不同的工作环境和团队成员，以便更好地融入团队并发挥自己的作用。

3. 农民需要具备领导能力和团队精神

在农业生产中，有时候农民需要扮演领导者的角色，组织和指导团队成员完成各项工作。而在其他时候，农民也需要成为团队的一员，积极参与团队活动，支持和帮助其他成员。因此，农民需要具备领导能力和团队合作精神，以便能够在不同的情况下有效地与团队成员合作。

4. 农民需要具备问题解决能力和决策能力

在农业生产中，经常会遇到各种问题和挑战，农民需要能够迅速识别问题的根源，并提出解决方案。同时，农民也需要能够做出正确的决策，以确保团队能够顺利地完成各项工作。

（二）团队协作能力提升方案

由于农村地区的特殊环境和文化背景，农民的团队协作能力往往较弱，这给农业生产和农村发展带来了一定的困难。因此，提升农民的团队协作能力是当前亟待解决的问题之一。

要提升农民的团队协作能力，首先需要加强对农民的培训。农民多为文化水平较低的群体，他们对团队协作的概念和重要性往往认识不足。因此，政府和相关部门可以组织各种形式的培训活动，向农民普及团队协作的知识和技巧，让他们意识到团队协作对于农业生产的重要性。同时，培训还可以教会农民如何与他人合作、如何有效沟通以及如何解决团队内部的矛盾和分歧，从而提升他们的团队协作能力。

政府可以通过政策引导，鼓励农民参与合作社和农民专业合作社的建设。合作社是一种有效的组织形式，可以帮助农民集中力量，共同开展生产和经营活动。政府可以出台相关政策，对合作社给予一定的财政支持和税收优惠，吸引更多的农民加入合作社。通过合作社的组织形式，农民可以学会如何在团队中发挥自己的优势，如何与他人协作，如何共同承担风险和分享收益，从而提升他们的团队协作能力。

农村地区可以开展各种形式的团队建设活动，提升农民的团队协作意识和能力。可以组织一些团队拓展训练，让农民在活动中学会团队合作、相互信任和相互支持。同时，可以开展一些农民文化活动，如合作社庆祝活动、农民运动会等，增强农民的集体荣誉感和凝聚力，促进他们之间的团队合作。

提升农民的团队协作能力是一项长期而艰巨的任务，需要政府、社会和农民自身的共同努力。只有通过培训、政策引导和团队建设活动的多方面措施，才能有效提升农民的团队协作能力，推动农业生产和农村发展迈上新的台阶。

三、公共事务参与能力：了解公共事务，积极参与社会活动

农民的公共事务参与能力是指农民在社会公共事务中参与决策、管理和监督的能力。农民作为社会的一部分，应当拥有

平等参与公共事务的权利和能力。只有不断提高农民的公共事务参与能力，才能够更好地保障农民的合法权益，促进农村社会的和谐稳定发展。因此，我们应当通过加强农民教育、完善农村社会组织、建立健全的农民参与机制等途径，不断提高农民的公共事务参与能力，使他们成为社会建设的积极参与者和受益者。

农民提升公共事务参与能力的重要性和意义是多方面的。只有当农民具备了参与公共事务的能力和意愿，才能够有效地参与到农村社会的发展和稳定中来，实现农村社会的民主化、自我管理和自治、凝聚力和稳定性、经济发展和社会进步。农民提升公共事务参与能力可以促进农村社会的民主化进程，农村社会的民主化建设需要广泛的民众参与，而农民是农村社会的主体，其参与公共事务的能力和意愿直接影响农村社会的民主化进程。只有当农民具备了参与公共事务的能力和意愿，才能够有效地参与到农村社会的民主化建设中来，实现农村社会的民主化进程。

提升农民的公共事务参与能力还可以增强农民的自我管理和自治能力。农村社会的自我管理和自治是农村社会的基本特征，而农民的公共事务参与能力直接关系农民的自我管理和自治能力。只有当农民具备了参与公共事务的能力和意愿，才能够有效地参与到农村社会的管理和自治中来，实现农村社会的自我管理和自治。

提升农民的公共事务参与能力可以提高农村社会的凝聚力和稳定性。农村社会的凝聚力和稳定性是农村社会的重要特征，而农民的公共事务参与能力直接关系农村社会的凝聚力和稳定性。只有当农民具备了参与公共事务的能力和意愿，才能够有效地参与到农村社会的建设和发展中来，实现农村社会的凝聚力和稳定性。

提升农民的公共事务参与能力可以推动农村经济的发展和社会的进步。农村经济的发展和社会的进步需要广泛的民众参与，而农民是农村社会的主体，其参与公共事务的能力和意愿直接关系农村经济的发展和社会的进步。只有当农民具备了参与公共事务的能力和意愿，才能够有效地参与到农村经济的建设和社会的进步中来，实现农村经济的发展和社会的进步。

（一）公共事务参与能力内容

农民的公共事务参与能力是一个综合能力，包括了对公共事务的了解和认识、发表意见参与决策、监督执行等方面。农民应当了解国家和地方政府的政策法规、社会经济发展情况、公共服务等相关信息，以便能够对公共事务有一个全面的认识和理解。

农民的公共事务参与能力包括在公共事务中发表意见、参与决策的能力。农民应当有权利和机会在公共事务中表达自己的看法和意见，参与公共决策的过程。这不仅可以使农民的声音得到重视，也可以使决策更加科学、民主。农民应当有权利参与农村土地利用、农业生产、农村基础设施建设等方面的决策，以保障自己的合法权益和发展利益。

公共事务参与能力还体现在农民如何监督公共事务执行方面。农民应当有权利和能力监督政府和相关部门对公共事务的执行情况，确保政策的贯彻落实和公共资源的合理利用。只有通过监督，农民才能够确保自己的权益不受侵犯，社会的公共事务得到有效的执行。

（二）公共事务参与能力提升方案

由于长期以来受教育程度不高、信息获取有限等因素的影响，农民在公共事务参与能力方面存在着一定的不足。因此，如何提升农民的公共事务参与能力成了当前亟待解决的问题。

提升农民的公共事务参与能力是一个系统工程，需要政府、社会各界和农民本身共同努力。通过加强基层组织建设、法律意识教育、信息化建设和农民培训教育，有效提升农民的公共事务参与能力，推动农村社会的发展和进步。

提升农民的公共事务参与能力需要加强基层组织建设。农村地区的基层组织是农民参与公共事务的桥梁和纽带，只有加强基层组织建设，才能为农民提供更多的参与渠道和机会。因此，政府应当加大对基层组织的支持力度，完善基层组织的运行机制，提高基层组织的服务能力，使之成为农民参与公共事务的有效平台。

对农民进行法律意识教育是提升农民公共事务参与能力的关键。农民对法律的了解和认识程度直接影响着他们在公共事务中的参与能力。因此，政府和相关部门应当加强对农民的法律宣传教育，普及法律知识，提高农民的法律意识和法治观念，使他们能够依法维护自身权益，参与公共事务。

夯实信息化建设、增加信息获取渠道也是提升农民公共事务参与能力的重要途径。随着信息化技术的发展，信息获取已经不再是农民参与公共事务的障碍。政府应当加大对农村信息化建设的投入，推动农村信息技术的普及应用，为农民提供更多的信息获取渠道，使他们能够更加便利地参与公共事务。

加大农民的培训和教育也是提升农民公共事务参与能力的重要手段。政府和相关部门应当加大对农民的培训力度，提高农民的综合素质和能力水平，使他们能够更好地参与公共事务，为农村社会的发展贡献力量。

四、创新创业能力：激发创新思维，培养创业精神

农民的创新创业能力指的是农民在面对市场变化和经济发展的挑战时，能够运用自身的资源和技能，积极寻求新的商机和发展机会的能力。农民的创新创业能力是农村经济发展的重要保障。农民自身也应该不断学习和提升自己的创新创业能力，积极适应市场的变化，实现自身的发展和壮大。

随着经济的发展和社会的变迁，农民的创新创业能力也变得越来越重要，主要体现在以下几个方面。

一是提高农产品质量和生产效率。通过创新和创业，农民可以引入新的农业技术和管理方法，提高农产品的质量和生产效率，从而提升农产品的竞争力和市场地位。

二是促进农业产业升级。农民的创新创业能力可以推动农业产业的升级，促进农业现代化和产业结构调整，推动农业从传统型向现代型转变。

三是带动农村经济发展。农民的创新创业活动可以创造就业机会，促进农村经济多元化发展，增加农民收入，改善农村经济结构。

四是推动乡村振兴战略。农民的创新创业活动有助于推动乡村振兴战略的实施，促进农村社会经济全面发展，提升农村居民的生活水平和幸福感。

因此，提升农民的创新创业能力对于推动农业现代化、促进农村经济发展和实现乡村振兴具有重要的意义。政府和社会应该加大对农民创新创业能力的培训和支持力度，为农民创新创业提供更多的机会和条件。

（一）创新创业能力内容

农民创新创业是我们国家农村发展的重要支撑，也是推动农业现代化的关键因素。农民创新创业能力包括创新思维、市场洞察力、资源整合能力和团队合作能力。

创新思维是农民创新创业能力的核心。创新思维是农民在面对日益复杂多变的农村环境时的应对方式。农民需要通过灵活思维和创造性思维，寻找解决问题的新方法和新途径。要善于从传统经验中汲取营养，同时又敢于打破常规，勇于尝试新的理念和技术。只有通过创新思维，农民才能在激烈的市场竞争中脱颖而出。

市场洞察力是农民创新创业能力的关键。市场洞察力是指农民对市场需求和趋势的敏锐感知能力。他们要紧密关注市场动态，及时了解消费者需求的变化，以便调整生产和经营策略。市场洞察力能够帮助农民把握商机，开发潜在市场，从而提高经济效益和竞争力。只有具备市场洞察力，农民才能更好地适应市场变化，实现可持续发展。

资源整合能力是农民能够实现创新创业的重要保障。资源整合能力是指农民将有限的资源统筹安排、合理配置的能力。农民在创新创业过程中，需要整合土地、劳动力、资金、技术等各种资源，使其相互协调、优化利用。资源整合能力不仅能够提高农民的生产效率，还能够降低生产成本，提高市场竞争力。只有具备资源整合能力，农民才能充分利用有限资源，实现创新创业的目标。

农民创新创业能力还包括团队合作能力。团队合作是农民在创新创业过程中必不可少的一项能力。农民需要与各方人士建立良好的合作关系，共同面对挑战和风险。他们要善于倾听他人意见、协调各方利益，形成团结一心、矢志不渝的共同目标。只有通过团队合作，农民才能集思广益、共同进步，实现自身的价值和发展。

农民的创新创业能力还包括对技术和管理的不断提升。现代农业的发展离不开先进的技术和科学的管理方法。农民需要不断学习和掌握新的农业技术，提高自己的生产效率和产品质量。同时，农民还需要具备良好的管理能力，能够合理规划生产，控制成本，提高经济效益。只有不断提升自己的技术和管理水平，农民才能够在激烈的市场竞争中立于不败之地。

对风险的把控和应对能力也是农民的创新创业能力的重要体现。创业本身就是一种冒险，农民在创业过程中面临着各种各样的风险，如市场风险、自然灾害等。农民需要具备应对风险的能力，能够在面对困难和挑战时保持镇定，寻找解决问题的方法。只有具备了对风险的应对能力，农民才能够在创业过程中稳步前行。

（二）创新创业能力提升方案

提升农民的创新创业能力可以采取以下措施。

提供创新创业培训：组织针对农民的创新创业培训课程，包括市场分析、产品开发、市场营销等知识，帮助他们了解创新创业的基本概念和技能。

支持农民创新项目：提供资金和资源支持，鼓励农民开展创新项目，例如农产品加工、农业科技应用等，帮助他们实现创新创业的想法。

提供创新创业平台：建立农民创新创业的平台，包括创业孵化器、农业科技园等，为农民提供资源整合、合作交流的机会，促进创新创业项目的发展。

加强市场导向：通过市场调研、需求分析等方式，引导农民将创新创业项目与市场需求相结合，提高项目的成功率。

加强政策支持：制订有利于农民创新创业的政策，包括减税政策、贷款支持、创业补贴等，为农民提供良好的创新创业环境和条件。

搭建合作平台：促进农民与企业、科研机构等的合作，共同开展创新创业项目，实现资源共享、互利共赢。

提供创新创业导师：为农民提供经验丰富的创业导师，指导他们在创新创业过程中遇到的问题和困惑，提供实用的帮助和指导。

通过以上措施的实施，可以有效提升农民的创新创业能力，激发他们的创新潜力，促进农业产业的发展。

【想一想】

1. 如何培养提升农民专业能力？
2. 如何培养提升农民社会能力？

第五章　农民素质素养提升
现状与分析

第一节　国内农民素质素养培育现状

农为邦本，本固邦宁。农业强国是社会主义现代化强国的根基，满足人民美好生活需要、实现高质量发展、夯实国家安全基础，都离不开农业发展，更离不开高素质农民。激励各类人才在广阔乡村大展才华，将为乡村振兴提供坚实的人才支撑，不断汇聚起磅礴力量，更好地促进乡村建设、推动农业高质量发展。党和政府十分重视农民素质提升，农业农村部先后同财政部、科技部等部委合作，推行了高素质农民培养计划、乡村振兴农民科学素质提升行动等活动，致力于培育我国农业现代化过程中农民素质的提高，为乡村振兴提供坚实有力的人才支撑。

从 2014 年开始，我国开始了高素质农民培养计划，由农业部、财政部等部门联合实施，以推动农业现代化和乡村振兴。该计划旨在通过系统性的培训、实践和学习，提升农民的综合素质和专业技能，使他们更好地适应现代农业发展的需求。最新数据显示，2021 年国家高素质农民培育计划共培养 71.7 万人，2022 年持续发力共培养高素质农民 75.39 万人。各地广泛开展科技普及和实用技术培训，全国农民手机应用技能培训辐射超 1 亿人次。通过这些计划的实施，我国已经初步建立了一套覆盖全国的多层次、多形式的农民培训体系，包括农民技能培训、学历教育等多种形式。这些培训内容丰富，既包括农业技术、经营管理等专业知识，也涵盖了创业创新、市场营销等拓展课程。

　　2019 年 5 月，农业农村部联合科技部在北京宣布，乡村振兴农民科学素质提升行动正式启动，其中包括三年计划培养 400 万"新农民"。该行动计划三年分"两步走"：到 2020 年基本形成农村科普框架体系，到 2022 年初步健全该体系，包括完成培养 400 万名具有科学文化素质、掌握现代农业科技、具备一定经营管理能力的新型职业农民等任务。该行动将加强农村重点人群的科学素质培训培育，如小农户群体、乡村科技人才、农村学校科技辅导员和农村妇女等。该行动还将提升农民科普信息化服务水平，完善科普惠农服务条件等，计划到 2022 年建成一个全面整合优质科普资源的智慧农民网络平台；实现中国流动科技馆巡展和科普大篷车活动在广大乡村地区的基本覆盖；充分发挥手机"新农具"的科普作用，建设完善科普中国 App、云上智农 App 等手机移动端传播体系等。

　　日前，由农业农村部科技教育司、中央农业广播电视学校组织编写的《2023 年全国高素质农民发展报告》发布。报告显示，我国高素质农民平均年龄为45岁，高中及以上文化程度的占60.68%，大专及以上文化程度的占21.95%，队伍结构持续改善；2022年获得农民技术人员职称、国家职业资格证书的比例分别比2021年提高了6.64个百分点、3.46个百分点。一大批大中专毕业生、外出务工返乡人员等新生力量加入高素质农民队伍，占比达49.25%，农民素质得到明显提高。

一、政策与措施

实施高素质农民培育计划是2023年中央一号文件的一项重要内容。文件提出，实施高素质农民培育计划，开展农村创业带头人培育行动，提高培训实效。推动乡村全面振兴，关键靠人。着力培育高素质农民，将为推动乡村振兴提供强有力的人才保证。

近年来，全国各地在实施高素质农民培育工作中，通过启动乡村产业振兴带头人培育"头雁"项目等一系列行动，使有想法、有能力、有技术的农民得以建功立业、大显身手，高素质农民的比例越来越高，为乡村振兴提供了强大助力。各地在加快推进高素质农民培育工程、扩宽农民教育培训渠道过程中，通过完善相关政策、健全工作机制、形成上下协同、着力平台建设，引导更多高素质、高学历人才投身乡村建设，助力乡村振兴。

政府出台了一系列政策措施，如财政补贴、税收减免等，鼓励农民参加培训，提高自身素质。同时，还设立了专项资金，用于支持高素质农民的培育和奖励。为了解决农民参加培训的资金问题，政府与金融机构合作，为农民提供信贷担保。农民可以通过申请贷款来支付培训费用，并在农业项目成功后以农产品收益偿还贷款。政府还与保险公司合作，为农民提供农业保险服务。这种保险既包括自然灾害保险，也包括农产品价格波动保险等，以降低农民的种植风险。

主要措施有以下方面。

1. 开展科技培训

针对不同层次的农民，开展科技培训，包括农业技术、农产品加工、农业机械使用与维护等方面的培训，提高农民的科技应用能力。

2. 推动农业科技创新

鼓励和支持农业科技创新，加大对农业科研机构和农业科技企业的支持力度，推动农业技术的研发和应用。

3. 建设科技示范基地

在农村建设科技示范基地，通过示范效应，引导农民掌握和应用新技术、新品种、新模式，提高农业生产效益。在示范工程和评估监测的基础上，持续推进乡村振兴农民科学素质提升行动，逐步扩大实施范围和覆盖面。

4. 加强科普宣传

通过科普宣传活动，提高农民对科学的认识和兴趣，增强农民的科技意识，通过各种渠道和形式，加大宣传推广工作力度，提高社会知晓度和参与度，让更多的人了解乡村振兴农民素质提升行动的重要性和意义，积极参与到行动中来，共同为乡村振兴贡献力量。

5. 加强人才队伍建设

鼓励和支持大学生返乡创业，为乡村振兴提供人才保障。同时，加强对农村实用人才的培养和引进，提高农村人才队伍的整体素质。

6. 完善科技服务体系

建立健全科技服务体系，为农民提供技术咨询、市场信息等服务，帮助农民解决生产中的实际问题。

二、现状分析

2022 年，国家高素质农民培育计划共培养高素质农民75.39 万人。农民通过培训，不仅掌握了现代农业技术和管理方法，还提高了市场意识和创新能力，他们在各自的领域中取得了显著的成果，如农业产值提高、农产品质量改善、农民收入增加等。以下从几个方面探讨我国当前高素质农民培养的现状。

1. 农业科技教育

近年来，我国对农业科技教育的重视程度不断提高，通过建立科技示范基地、开展科技培训、组织科技研发等方式，帮助农民掌握现代农业科技知识，提高农业生产效益。同时，国家还出台了一系列政策，鼓励农民参加技能培训和职业教育，提升他们的科技素质和综合能力。

2. 农业专业技能培训

农业专业技能培训是培养高素质农民的重要手段之一。我国在专业技能培训方面已经取得了一定的成绩，通过针对不同作物、不同季节的生产技术培训，使农民能够更好地掌握农业生产技能，提高农业生产效益。同时，国家还鼓励社会力量参与专业技能培训，扩大培训覆盖面，让更多的农民受益。

3. 农业经营管理培训

农业经营管理是高素质农民培养的核心内容之一。我国在农业经营管理培训方面已经取得了一定的进展，通过开展农业产业化、规模化和标准化的培训，帮助农民掌握现代农业经营管理理念和方法，提高农业经营效益和管理水平。同时，国家还鼓励农民参加职业经理人培训，提升他们的经营管理能力和市场竞争力。

4. 农业环保和可持续发展培训

农业环保和可持续发展是高素质农民培养的重要内容之一。我国在农业环保和可持续发展培训方面已经取得了一定的成绩，通过开展生态农业、有机农业、循环农业等培训，帮助农民掌握环保和可持续发展的理念与方法，提高农业环保水平和可持续发展能力。同时，国家还鼓励农民参加绿色证书培训，提升他们的环保意识和专业素质。

5. 农业社会化服务体系培训

农业社会化服务体系是高素质农民培养的重要支撑之一。我国在农业社会化服务体系培训方面已经取得了一定的进展，通过建立多元化的农业社会化服务体系，提供全方位的农业服务，帮助农民解决生产中的各种问题。同时，国家还鼓励各类服务机构开展技术推广、农资供应、病虫害防治等方面的培训，提升农民的专业技能和服务水平。

第二节　国外农民素质素养提升的先进经验与启示

在世界发达国家，农民的素质素养提升计划已经实施了多年，形成了较为完善的体系，并且取得了显著的成效。计划主要涵盖了教育、培训、技术推广、保险金融知识等多个方面。通过这些计划实施不仅提高了农民的专业技能和知识水平，还有效地促进了农业生产的发展和竞争力的提升。

大部分国家为农民提供了专门的教育和培训计划。这些计划通常由政府、农业合作社、农业大学等机构组织，旨在提高农民的专业技能和知识水平。例如，英、美、法等国提供农业技术高中或农业专科学校的课程，这些课程涵盖了农业生产的各个方面。农业技术推广是发达国家提升农民素质素养的重要手段之一。政府设立了农业技术推广站，配备了专业的农业技术人员，他们通过现场指导、技术培训、提供咨询等方式，帮助农民解决生产中的问题。

许多发达国家还为农民提供了农业保险和金融知识的培训，这些培训帮助农民理解农业风险、如何进行风险管理以及如何获得融资等。农业合作社在提升农民素质素养方面也发挥了重要作用。他们通过组织技术培训、市场信息交流、经验分享等活动，帮助农民提高生产效益和市场竞争力。

一些发达国家还通过国际合作项目来提升本国农民的素质素养。这些项目通常由政府或非政府组织发起，与国外农业部门或研究机构合作，引进先进的农业技术和经验，为本国农民提供更广阔的学习机会。

一、主要国家农民素质培养现状

1. 美国农民培养的现状

一是教育与培训方面。美国农民的教育和培训体系相对完善，涵盖了多个领域和层次。首先，美国拥有一流的农业教育机构，如加州大学伯克利分校、康奈尔大学等，这些学校提供了高水平的农业教育和研究。其次，美国还有大量的农业培训机构，如农场工人就业培训计划等，这些机构为农民提供了实用的培训课程和资源。

二是农业科技方面。美国在农业科技领域的研究和应用一直处于领先地位。美国在农业机械化、生物技术、精准农业等方面也具有很强的实力和优势。

三是农业政策方面。美国的农业政策对农民的培养和发展也起到了重要的作用。例如，美国的农业保险制度为农民提供了风险保障和稳定的收入来源。此外，美国还通过农业补贴、农业保险等政策手段来提高农民的收入和生活水平。

四是农业产业链方面。美国的农业产业链相对完善，从种子到农产品加工、销售等环节都有相应的企业和机构支持。这使得农民可以更好地与市场对接，提高收益和竞争力。总的来说，美国农民的培养和发展是一个综合性的过程，需要教育、科技、政策和产业链等多方面的支持和配合。同时，美国也在不断探索和实践新的培养方式与手段，以适应不断变化的市场需求和社会环境。

2. 欧盟国家的农民素质素养培育提升

欧盟国家对农民的素质培养非常重视，通过各种政策和计划来提高农民的专业技能和知识水平，以促进农业的发展和农村的繁荣。

一是实施农业教育计划。欧盟通过实施各种农业教育计划，如"绿色证书"和"欧洲农业教育计划"，来提高农民的专业技能和知识水平。这些计划涵盖了农业生产的各个方面，包括种植、养殖、农业机械、农业经济等。

二是提供培训课程。欧盟还通过各种培训课程来提高农民的素质。这些课程包括农业实践、农业管理、农产品加工和市场营销等方面的课程。通过这些课程，农民可以学习到最新的农业技术和市场趋势，提高他们的生产效益和市场竞争力。

三是支持农民组织。欧盟还支持农民组织的发展，以提高农民的团结和协作能力。这些组织包括农业合作社、农业协会和农业联盟等，它们通过提供技术、市场和信息等方面的支持，帮助农民更好地融入市场和应对风险。

四是加强与科研机构的合作。欧盟还鼓励农民与科研机构合作，以获取最新的农业技术和知识。这些合作包括农业技术推广、农业科学研究、农业信息技术等方面的合作，帮助农民提高生产效率和降低成本。

五是提供资金支持。欧盟还通过各种资金支持计划来鼓励农民参加培训和提高自身素质。这些资金支持包括培训补贴、奖学金、创业资金等，帮助农民提高自身能力和扩大业务范围。通过实施各种政策和计划，加强对农民的素质培养，提高他们的专业知识和技能水平，以促进农业的发展和农村的繁荣。

3. 日本的农民素质素养培育提升

日本是一个农业发达国家，其农民素质素养在亚洲乃至全球范围内都享有盛誉。近年来，随着社会经济的快速发展，日本政府也加大了对农业的支持力度，以提高农民的素质素养。

一是建立完善的农业教育体系。包括初级、中级和高级农业教育，涵盖了农业基础知识、农业技能、农业经营管理等方面的内容。此外，还开展农业技术培训和研讨会，帮助农民掌握最新的农业技术和市场动态。

二是政府大力支持。日本政府为农民提供了多种形式的支持，包括财政补贴、税收优惠、农业保险等。此外，政府还设立了专门的机构来推广农业技术和提供市场信息，帮助农民更好地发展。

三是社会组织的参与。日本有许多农业组织和社会团体参与到了农民素质素养提升的工作中来。这些组织通过开展各种活动来帮助农民提高自身素质，如文化交流、技能培训、经营管理指导等。

四是农民自身的努力。除外部的支持和帮助外，农民自身也需要付出努力来提高素质。他们应该主动学习新知识、掌握新技能，不断提升自身的素质和竞争力。

五是重视实践经验。提升农民素质不仅需要理论知识的支持，更需要实践经验的积累。因此，日本政府鼓励农民多参与实践活动，如实地考察、案例分析等，以便更好地掌握实际操作技能。

通过以上措施的实施，日本农民的素质素养得到了显著提升，也面临一些问题和挑战。例如，由于人口老龄化的影响，日本农业面临着劳动力不足的问题，政府鼓励年轻人从事农业工作并提高他们的素质素养。

4. 澳大利亚积极探索农民素质培养的新途径

为了更好地提升澳大利亚农民的素质，政府和社会各界纷纷献策献力，实施了一系列有针对性的措施。在农民培训方面，澳大利亚政府高度重视，投入了大量的人力、物力和财力资源。根据当地农民的需求，政府制订了个性化的培训计划，涉及农业技术、环保意识、市场开拓等多个方面。此外，澳大利亚还充分发挥了企业的作用，通过与农业企业合作，定向培训和输出高素质的农民。为了营造良好的农民素质培养氛围，澳大利亚政府加大了对农民素质教育的宣传力度。通过各种形式的宣传活动，让更多的人了解和认识到农民素质的重要性。同时，政府还设立了专门的资金奖励，鼓励在农民素质教育领域做出突出贡献的组织和个人。澳大利亚农民素质培养的措施和现状表明，政府和社会各界共同努力，可以为农民素质的提升创造有利的条件。澳大利亚的农民在全球化的竞争中不断提升自身素质，为农业发展注入新的活力。

5. 东南亚国家的农民素质素养培育提升

东南亚农民素质素养提升的现状可以说是各不相同。一些国家已经开始采取措施来提升农民的素质素养，包括提供更好的教育和培训机会，推广现代农业技术和管理方法，以及改善农民的生活条件。然而，仍然有许多东南亚国家的农民面临着教育水平低、技术落后、生活条件恶劣等问题。

（1）领先水平。新加坡和马来西亚政府非常重视农民的素

质素养提升，通过提供免费的教育和培训机会，以及各种扶持政策，帮助农民提高生产技术和管理水平。新加坡和马来西亚的农民素质素养水平在东南亚国家中处于领先水平。

（2）中等水平。泰国政府也在积极推动农民的素质素养提升，通过提供免费的教育和培训机会，以及各种扶持政策，帮助农民提高生产技术和管理水平。泰国的农民素质素养水平在东南亚国家中处于中等水平。

（3）较低水平。柬埔寨、老挝和缅甸政府在农民素质素养提升方面投入较少，农民的教育水平普遍较低，技术落后，生活条件恶劣。柬埔寨、老挝和缅甸的农民素质素养水平在东南亚国家中处于较低水平。

总体来说，东南亚国家农民素质素养提升的现状是各不相同的。一些国家已经取得了一定的成就，但仍然有许多国家需要加大投入，采取更多的措施来提升农民的素质素养。这样才能更好地推动东南亚国家农业的发展，提高农民的生活水平。

二、我国农民培养与其他国家的不同点

我国农民培养与其他国家的不同点有很多，主要有以下几点。

一是我国的农民培养历史悠久，有着深厚的文化底蕴。我国的农民教育起源于古代，在漫长的历史发展过程中，形成了独特的农民教育体系。其他国家的农民教育，大多是在近代才

开始发展，历史比较短，文化底蕴不如我国。

二是我国的农民培养体系比较完整，包括农业院校、职业技术学校、农民培训机构等各种类型的农民教育机构。其他国家的农民教育，大多以农业院校为主，职业技术学校和农民培训机构比较少。

三是我国的农民培养更加注重实践能力的培养。我国的农民教育不仅注重理论知识的学习，更注重实践能力的培养。其他国家的农民教育，大多以理论知识的学习为主，实践能力的培养比较弱。

四是我国的农民培养更加注重创新能力的培养。我国的农民教育不仅注重传统农业技术的学习，更注重创新能力的培养。其他国家的农民教育，大多以传统农业技术的学习为主，创新能力的培养比较弱。

总体来说，我国的农民培养更加注重农民的综合素质培养，更加注重农民的实践能力和创新能力的培养。这样培养出来的农民，不仅能够更好地从事农业生产，还能够更好地推动农业的发展。

随着城市化的不断推进，农民的素质提升已经成了中国农村发展的重点。但与欧美先进国家相比，中国在农民素质提升方面存在着一定的差距。

首先，先进国家非常注重农民的教育。他们会投入大量的资金用于农民的教育和培训，包括提供职业技能培训、信息技术培训、创新培训等。而中国的农民培训则较为单一，主要集中在传统农业生产方面，其他领域的培训相对较少。

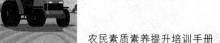

其次，先进国家强调农村生态环境的保护和建设。他们在推广农村环保、水土保持和绿色种植方面积极努力，使其发展成为环保意识强烈的生态农民。与此不同的是，由于中国长期以来一直是支持重工业发展的国家，很多地方的生态环境已经受到了很大损害。因此，中国需要把农民生态素质的提升方面放在更加重要的位置上。

再次，先进国家非常重视性别平等，尤其是农村女性的贡献和地位。他们鼓励女性参与农业生产，开展农村妇女创业和培训，并在生育、卫生、妇女权益和性别暴力等方面提供政策和法规保障。与此不同的是。中国特殊的国情使农村女性总体受教育水平低于其他发达国家。

最后，先进国家注重农村社会组织的建设和服务，为农村发展提供组织和引领。他们支持村民自治、村民合作组织、农业协作社和农民合作社等，为农民提供农业技术服务、商品结算服务和市场信息服务等多种支持与服务。与此不同的是，中国政府长期以来对农村社会组织的支持力度还不够，这也影响了农民的收益水平和发展。需要加强对农村社会组织的引导和培育，让农村社会组织成为支持农民发展的有效工具。

在农民素质提升方面，先进国家和中国存在一定差距。这些差距主要体现在教育、生态环境、性别平等和社会组织的服务方面。中国应该学习先进国家的经验，加强农民的素质和发展，为农村振兴提供坚实的基础。

【想一想】

1. 我国农民素质素养培育的现状如何，还存在哪些问题？

2. 国外农民素质素养提升有哪些先进经验与启示？

第六章　总结与展望

第一节　农民素质素养提升的成果与不足

　　随着我国农业经济的快速发展，我国农民的素质素养也在不断提升。经过多年的教育普及，我们国家越来越多的农民通过各种渠道接收到了良好的教育。他们已经掌握了基本的计算和理解能力，并且通过不断学习不断提升自己的知识水平。这些教育成果在未来将会为农民提供更多的就业机会，让他们在经济上更加独立。

　　随着社会的发展，城市和农村之间的差距也在不断缩小。农民的收入水平也在逐步增加，他们可以通过种植、养殖等方式尽可能地提高收入。在这些方面的改进为农民提供了更好的生活条件，让他们有了更好的养老保障和教育支持。农民通过不断尝试新的种植、养殖等技术以获得更高的经济收入。

　　农民已经意识到，他们不再是社会中的弱势群体，而是可以通过自己的努力获得更好的生活。他们不仅在经济上富裕，而且在社会和文化上也具备了自信心和跨越障碍的能力。

综上所述，我国农民素质素养在过去几年中得到了很大程度的提升，而这些改进的成果还将进一步发挥重要的作用。尤其是在一些偏远地区或经济相对欠发达地区，农民的阅读能力和创业能力的提升，帮助他们更好地融入经济社会，实现更好的生活水平。未来，我们期待更多的政策和资源投入到农村地区，持续支持并激发农民的自我发展潜力，让中国农村更加美好和实现现代化。

作为农村地区的主体，农民的素质和素养一直受到社会的关注。高素质农民的培养是一项长期而艰巨的任务，需要各级政府、社会各界和广大农民共同努力。尽管政府采取了种种措施进行培养提升，取得了一定的成效，仍存在着不足之处。

首先，表现在培训功能上，存在着重文化功能和经济功能，轻政治功能和身心功能的现象。

教育是培养人的社会活动，教育的最终目的是要促进人的全面发展。一般认为，农民教育是对农民实施的政治教育和文化科学教育，它是以科学技术为主要内容，以提高农民的政治素质、科学文化素质、身体心理素质等为主要目的的教育与培训活动。农民教育应该遵循教育发展规律，按教育目的培养人和塑造人。农民教育的功能可以归结为政治功能、文化功能、经济功能和身心功能。当代农民作为农民教育的主要对象，不仅要获得文化知识和实用技术，并将这些知识和技术物化成为经济成果和生产效益，而且还要提高政治思想修养，提高理解、贯彻执行党的路线、方针和政策的能力，提高理解和应用法律法规的能力。除此之外，农民要通过接受教育，克服自身在生理和心理上的缺陷，使自己的身心得到健康发展，在各个方面都适应时代的要求。虽然经过多年的教育，我国农民思想观念和小农民意识有了一定的改变，但从总体上来说，我国农民仍然存在着一些糊涂的意识和落后的思想，如小富即安的思想、小农思想、因循守旧的思想、封建迷信思想等，其思想观念跟不上时代发展的步伐，更谈不上与时俱进。在我国当前的农民教育中，一方面，作为教育部门或主办单位，往往只注重对农民的文化知识和技术传授，忽视对农民的政治思想教育和身心健康方面的培训与锻炼，不注重从根本上解决农民的思想问题和心理问题，从而使科学文化知识物化为经济成果的效果也受到了限制，不能使农民最大限度地发挥和应用科学文化知识及技术，也就不能产生最佳的文化功能和经济功能。另一方面，作为农民自身，由于功利主义思想的影响和自身的局限性，也往往只注重科学文化知识的培训与学习，缺乏更新思想观念的意识，也限制了文化功能和经济功能作用的发挥。

其次，表现在培训方式上，存在着重培训、轻教育，重形式、轻内容的现象。

农民教育主要包括教育和培训两方面的内容，但许多农民学校和农村职业学校以及其他一些农民教育机构，在针对农民教育和培训这一问题上，往往以培训代替教育，通常以技能培训或技术指导来替代对农民基本的科学文化知识教育，这种授之以"鱼"而不授之以"渔"的教育方式，使农民教育不能从根本上提高自身的科学文化素质和学习能力，使农民获取新知识、新技术的能力难以提高。造成农民教育成效不大的另一个主要原因是主办单位在对农民教育与培训的过程中过分注重形式，而忽视了教育与培训内容，虽然采取了许多方式方法，例如，各种长期培训和短期培训、各种科技赶集会、送科技下乡活动、个别与集体指导等，这些活动主要是以培训和科技推广为主要内容，但从实际效果来看，往往是形式上花的人力物力多，由于缺乏系统的教育计划和时间安排，加上对农民教育和培训内容针对性研究不够，重理论、轻技能，重培训、轻教育，在安排上也不合理，因而成效总是不尽如人意。例如，就农民科技推广过程中经常使用的科技赶集、科技下乡等科技传授方式来说，通过专家调查发现，许多农民认为没有什么收获，原因是"没遇到问题时记不住，等遇到了问题，想不起来了。"农民还开玩笑说，这样的农村科普活动像蒲公英，在农村只是开开花，最后飘到了哪里，谁都不知道。

最后，表现在办学形式上，存在着重单一的正式教育机构、轻多渠道的非正式教育机构，重学历教育、轻非学历教育的现象。

目前我国农民教育的举办机构主要是农村职业学校、农民文化学校、农村广播电视学校和其他有关培训机构。农村职业学校主要有农村初等职业学校、农村中等职业学校、农村高等职业学校（部分高等农业院校）；农民文化学校主要有农民小学、农民中学、农民技术培训学校、农村中等专业学校、农民高等学校。在农民教育的各类举办机构中，以正式的教育机构（如职业学校等）为主，其他各类机构相比来说是少之又少。由于我国是一个农业大国，农村人口约8亿人，占绝大多数，农村人口的文化素质低下，而且农村剩余劳动力转移任务相当艰巨，因此，这些机构相对于我国庞大的农民数量，其教育工作仍有相当大的难度。令人更加忧虑的是，由于我国许多县乡两级财政十分困难，再加上人员编制的限制，随着县乡机构改革的深入，几乎有一半的地方将农民学校和乡镇化技术学校撤销或合并到职业学校或其他部门，使农民教育的机构不仅在数量上减少，形式更加单一，而且许多农民化学校已名存实亡，农民教育形成了"网破、人散、功能不在"的格局。

农民学历教育是以农民为教育对象，以传授科学文化知识为主要内容，通过取得学历证书来提高农民受教育程度的一种教育形式。由于我国农民学历较低，用人单位又普遍存在着重学历和文凭的现象，再加上没有人来为农民培训"买单"，导致目前的农民教育存在着重学历教育、轻非学历教育的倾向，他们不愿意开展农民培训活动，专门的培训机构由于培训经费补贴不能到位，对举办农民培训的热情也不高。相比较而言，学历教育的回报要比培训的回报高，许多职业学校、农民学校和培训机构将主要的精力都花在了对农民的学历教育上，使本该重点解决的技术培训成为一种形式。

第二节　展望未来农民素质素养提升的发展方向

将来我国的农民会利用更先进的农业技术和设备来种地，他们可以使用无人机和卫星图像来监测农田的状况，及时发现问题并进行处理，使用智能化的农业机械和设备来进行播种、施肥、灌溉和收割等作业，提高生产效率。同时，未来农民还可以利用生物科技和遗传工程来培育高产、抗病、适应性强的新品种，以提高农作物的产量和质量。另外，他们可以采用有机种植和生态农业的方式来减少化学农药和化肥的使用，保护环境并生产出更加健康的农产品。

未来农民素质素养提升的发展方向应该是全面提升农民的综合素质，包括文化素质、科学素养、职业技能、社会适应能力等，为农民提供更多的发展机会和支持，促进农村全面发展。

展望未来，提升农民素质素养的发展方向可能包括以下几个方面。

一是教育优先。过去由于农业的弱质性及长期存在的体制障碍，导致农业技术推广人员和农民培训师资力量严重匮乏。基层农业技术人员严重不足，且年龄老化严重，尤其是缺乏真正了解农村基层情况、能传授给农民切实有用知识的授课教师。未来我国的发展方向是坚持农民主体地位，为此必将加大

对农村教育资源的投入，改善学校条件，提升教师队伍素质，推动农村教育现代化，提高农民的文化素质和科学素养。

二是技术培训创新。由于教育资源不足、技术推广不及时、培训内容单一、沟通渠道不畅，以及贫困地区培训资源匮乏等原因造成的农民素质培养培训覆盖面不够广，仍有大量农民未能接受到系统的培训，特别是一些偏远地区的农民可能面临交通不便、信息闭塞等原因，无法及时获取到培训信息，缺乏接受高质量培训的机会。另外，很多地区大多数农村青壮年选择进城务工，留守从事农业生产者多为老年人和妇女；农业行业从业者对参与培训以及获取新技术的意识薄弱，参与培训者对培训内容的接受能力不强。这主要是因为农民自身的知识水平偏低，农村生活环境束缚，导致很少有农民迫切需要新的知识，积极参加农民培训，提高自己创业、就业能力。因此，下一步农民职业培训的方向，就是要注重现代农业生产技术和管理知识的培训，引导农民掌握先进的农业生产技术，提高农业生产水平。

三是综合素质培养。当前农民培训的主体主要有教育部门的乡镇成教中心、各类职教学校开展的农民扫盲教育和特种技能培训，通过农业农村部门利用农业广播电视学校、科教、农技等开展创业农民培训、职业农民培训及结合农业生产的实用技术培训等。这些培训机构相对分散，培训工作缺乏统一规划，对农民培训缺乏必要的宣传，更谈不上进行积极引导，造成农民对培训缺乏认知和热情，严重影响了农民的培训积极性。有的培训可能过于单一，只注重农业生产技术，而忽视了市场信息、管理技能等方面的培训内容。很多新的农业技术和方法可能没有得到及时的推广和培训，导致部分农民无法掌握最新的生产技能，导致学员对培训效果不满意。未来的农民培育工作应该更加注重培养农民的综合素质，包括市场信息获取能力、创新创业能力、社会适应能力等，提高农民的综合素养。

四是建立激励机制。当前政府对高素质农民的支持政策和激励机制尚不完善，如信贷担保和金融保险等方面的支持力度还需加大，同时针对高素质农民的激励机制不足，无法有效激发农民提升自身素质的积极性，针对高素质农民的职业发展支持力度不够，导致农民在提升素质后无法获得相应的职业发展机会。下一步通过建立健全农民培育支持政策和相应的激励机制，鼓励农民提升自身素质，包括提供奖励、补贴、技能认证等激励措施，激发农民的学习积极性。

五是加强农村基层组织建设。发挥农村基层党组织和农民自治组织的作用，组织开展各类培训和教育活动，引导农民参与社会活动，促进农民素质素养的提升。

第三节　进一步推进农民素质素养提升的建议与措施

随着科技和经济的发展，农业产业化生产日益普及，农民应具备更高的素质和素养才能适应这种发展趋势，未来农民素质素养的提升包括新技术、新业态、新领域对高素质农民培养的影响，以及未来高素质农民的需求和培养方向等方面。要达到这一目标，农村应推动农民在文化、就业、环保等方面的工作，加强政策宣传和咨询服务，以便更好地引导农民，合理地利用资源，更好地适应新农业时代的发展需要。同时，农村建设需要注重农民的全面素质的提升，不断改进和创新现有发展模式，激发农民的创新意识和创业能力，以达到保护生态、发展经济两不误的目的。政府、社会应积极参与其中，加强对农民技能、文化、心理素质的培养和支持，加强公益性教育，不断提高农民在新农业形势中的素质和能力，全面提升乡村文化水平和发展后劲。

第一，整合农民教育培训资源，建立完善的基层乡镇农业科技推广培训体系。基层农技培训推广体系是实施科技兴农的关键环节。为此，应根据各地实际，建立高效、精干、多元化的农技推广培训组织，如以农业行政主管部门为主体的公益性农技推广服务体系，以产业化龙头企业为主体的订单推广服务模式，以农资生产厂家为主体的农资推广服务模式，以大专院校、科研单位为主体的技术开发和示范服务模式，以各种协会或专业合作经济组织为主体的推广服务模式等，从而鼓励和引导农业科技人员进村入户开展科技服务。整合政府与社会办学资源，以县为单位，在地方党政部门统筹协调的前提下，统筹农村同类学校，形成终身教育的立体网络。整合农民教育培训的人、财、物培训基地，将分散的资源整合起来，各培训单位相互配合、资源共享、优势互补，建立完善长效的培训机制，联合社会资源开展新型农民的教育培训工作。

第二，增强师资力量，建立一支高素质的农业科技推广培训队伍。农业科技推广培训队伍是农技推广的根本。由政府组织牵头，地方积极配合，促使学校和科研院所将科研与农业科技培训、推广相结合，有效提高农业科技培训的力量。利用职业培训机构和学校积极对农民进行职业技能培训，利用学院和科研单位提升师资力量。根据培训对象的变化及培训内容的实际需要，做到培训与生产相结合、课堂培训与基地示范相结合、教师面授与跟踪指导相结合、理论学习与实用技术培训相结合等，确保培训工作的针对性和实效性，切实提高培训质量水平。一要加强队伍建设，支持现有农技人员带薪学习培训，通过脱产、函授等多种培训形式，提高农技推广人员的知识水平，以适应农业科技不断发展的需求。二要鼓励农村大学生回到农村就业和创业，充实基层农技培训推广队伍。三要建立农技人员资格准入制度，严把进人关，提高农技推广队伍的整体素质。四要实行绩效挂钩的考核制度，建立以服务对象为主体、以一线推广业绩为主要内容的考核评价体系，切实做到责、权、利相统一，提高农技推广培训质量。五要推行全员聘用制度，由身份管理转向岗位管理，建立能上能下、能进能出的市场化人事管理制度，促使农技人员扎实工作。

第三，深化农业科研体制改革，解决供需脱节问题。提供农民和市场真正需要的技术是科技兴农的基础和前提。随着市场经济的发展，农民的分工日益细化，农民的思想意识和整体素质也出现了较大差异。农民培训工作呈现出培训对象分散、

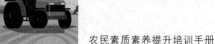

培训内容较为庞杂、培训需求千差万别、培训时间有较强的季节性等特点，因此要紧紧围绕农民不同生产群体和农时季节的需求，区别对待，因情施教。为此，必须面向农民和市场，按照"科学布局、优化资源、完善机制、提升能力"的思想，构建"层次清晰、分工明确、运行高效、支撑有力"的新型农业科技创新体系。一要深化科研院所体制改革，加快建设"职责明确、评价科学、开放有序、管理规范"的现代科研院所制度。二要加大对农业科技的投入力度，实行课题招、投标制度，提高农业科研产出效率。三要鼓励农业科技企业成为技术创新主体，加强部门之间、地方之间和农民之间的协调与配合，围绕农业生产中的关键、实用技术问题，发挥各自优势，集中攻克农业技术难题，满足农业科技服务的需要。

第四，强化农业科技培训，切实提高学员实践能力。开展农业科技培训，坚持以市场需求和农民需要为导向，促进农业新技术、新品种在当地的普及与推广。一要建立支持农民培训的法律法规体系，依法规范农民培训工作，并把宣传发动与经济补偿措施结合起来，吸引农民积极参加农业科技培训。二要多渠道多层次多形式开展培训，如通过广播电视、信息网络、远程教育、现场讲授示范、举办技术讲座、专业培训、函授和农民夜校等，把科学技术送到千家万户，传授到田间地头，培养一支有技术、懂经营、善管理的高素质农民队伍。三要积极引导农村逐步实行农业专业化分工协作，在此基础上对农民进行针对性的专业技术培训，条件成熟时对农民实施"绿色资格证书"制度，推动农村急需的农业技术骨干和带头人的培养。

通过和涉农企业合作，一方面可以为涉农企业输送优秀学员；另一方面让学员学到的技能在农业企业中有所实践和发挥，并转化为实际的生产本领。

第五，加大财政投入和政策支持，完善农业科技推广培训筹资渠道。建立以政府投入为主的多渠道农业科技推广培训投融资体系。一要强化国家拨款的主渠道，增加农业科技推广投资总量，改善投资结构。二要完善间接融资体制，设立科技推广培训基金。鼓励民间、私人投资到科技推广事业，使之逐渐成为继政府拨款之后的重要资金来源。三要鼓励农业科技推广培训部门兴办经济实体，增强自身的经济实力。四要鼓励金融部门加大金融产品的创新力度，积极支持农业技术培训项目。

第六，建立跟踪评估机制。政府应建立一套跟踪评估机制，对高素质农民的培育计划进行全程监控和评估。通过收集反馈、评估效果等方式，及时发现问题并加以改进。

第七，加强宣传推广。政府应加大宣传力度，让更多的农民了解高素质农民培育计划的重要性和优惠政策。可以通过各种媒体渠道、农村宣传栏等方式广泛宣传，提高农民的参与度和积极性。

总的来说，我国的高素质农民培育计划已经取得了一定的成效，但仍面临一些挑战。政府应继续加大对高素质农民的支持力度，优化培训体系和政策措施，以提高农民的综合素质和专业技能水平为重点目标。只有通过全社会的共同努力，才能推动我国农业现代化和乡村振兴的进一步发展。

【想一想】

1. 我国农民素质素养提升有哪些成果与不足？

2. 你对我国推进农民素质素养提升有哪些建议？

主要参考文献

李玉梅，2021-8-2. 提升农民科学素质　实现"三位一体"的乡村振兴目标［N］. 科技日报（8）.

史安静，高黎明，尚子焕，2017. 农产品质量安全与市场营销［M］. 北京：金盾出版社.

史安静，郭东坡，宁新妍，2017. 怎么做好休闲观光农业［M］. 北京：金盾出版社.

史安静，秦昌宗，2016. 农产品质量安全与提质增效［M］. 北京：金盾出版社.

史安静，赵强，王艳芳，等，2020. 乡村振兴战略简明读本［M］. 北京：中国农业科学技术出版社.